40 HEIMISCHE OBST- UND BEERENGEHÖLZE

46 VOGELSTRÄUSSE

53 DER VOGELFREUNDLICHE GARTEN IM WINTER

51 HERBSTBALZ DER EULEN

60 MEISEN IN PARKS UND GÄRTEN

63 EIN VOGEL, DER IM WINTER BRÜTET

47 VOGELZUG IN KEILFORMATION – GÄNSE ODER KRANICHE?

54 WINTERFÜTTERUNG – WAS IST WICHTIG?

62 FRIEREN VÖGEL AUF DEM EIS FEST?

45 BEOBACHTUNGEN AN SONNENBLUMEN

55 FETTFUTTER HERSTELLEN

57 WEIHNACHTSBAUM FÜR VÖGEL

S. 85 **WACHOLDERDROSSEL**

S. 87 **SPERBER**

S. 90 **EICHELHÄHER**

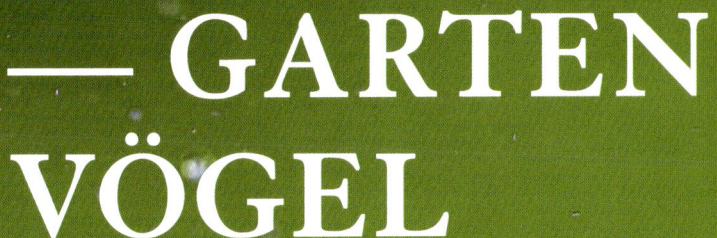

— GARTEN VÖGEL

**ERLEBEN
BEOBACHTEN
SCHÜTZEN**

**MIT 44 VOGEL-
PORTRÄTS**

Daniela Strauß

KOSMOS

Das Vogeljahr auf einen Blick

FRÜHLING: MUNTERES ERWACHEN

Laute Vogelgesänge erschallen aus Gärten und Parks. Jetzt nichts wie raus, es gibt viel zu entdecken.

SEITE
8 bis 25

SOMMER: GESCHÄFTIGES TREIBEN

Alle Vögel sind beschäftigt, den Nachwuchs zu versorgen. Schwalben und Mauersegler jagen am Sommerhimmel. Können Sie die Akrobaten der Lüfte unterscheiden?

SEITE
26 bis 41

HERBST: AUFBRUCHSTIMMUNG

Die Zugvögel legen sich ein Fettpolster für die Reise ins Winterquartier an. Vielleicht haben Sie Glück, den Formationsflug der Gänse und Kraniche zu beobachten?

SEITE
42 bis 53

WINTER: STILLE IST EINGEKEHRT

Einige Vogelarten trotzen der Kälte und überwintern bei uns. Wie viele Arten finden sich an Ihrem Futterhaus ein?

SEITE
54 bis 65

VOGELPORTRÄTS

Die 44 häufigsten Gartenvögel im Porträt, sortiert in drei Größenkategorien: Blaumeise, Spatz und Amsel helfen als Größen-Paten, schnell den gesuchten Vogel zu finden.

SEITE
66 bis 91

Gartenvögel erleben

Vögel haben uns Menschen seit jeher begeistert und interessiert. Sie faszinieren durch ein farbenfrohes Gefieder, abwechslungsreichen Gesang oder ihre Flugkünste und sind in der Regel leicht zu beobachten. Kein Tag, an dem wir nicht einen Vogel sehen oder hören. Allgegenwärtig sind Hausspatzen und Stadttauben, Kohlmeisen und Amseln. Doch ob im eigenen Garten, auf dem Balkon oder im nahen Park, direkt vor unserer Haustür tummeln sich noch viele weitere Arten. 66 Tipps rund um die heimische Vogelwelt und 44 Artenporträts der häufigsten Gartenvögel – mit zahlreichen

Anregungen, wissenswerten Informationen, Beobachtungshinweisen oder auch praktischen Bauanleitungen lade ich Sie ein, Ihren Garten oder Balkon vogelfreundlich zu gestalten, Ihr Wissen zu erweitern und als aufmerksamer Beobachter die Vögel Ihrer unmittelbaren Umgebung zu genießen.

EIN PARADIES FÜR VÖGEL

Kreativität ist gefragt – mit wenigen Mitteln, geringem Aufwand und oft nach dem Motto »Weniger ist mehr!« verwandeln Sie Ihren Garten in ein kleines Vogelparadies. Je unaufge-

Haussperling

räumter, desto vielfältiger ist die Pflanzen- und Tierwelt. Wer kennt nicht die verwilderten Gärten, in denen keiner mehr Ordnung schafft? Dort sind die meisten Tiere zu finden, sowohl Insekten als auch Vögel und Säugetiere. Mit Nistkästen bieten Sie Brutplätze für Höhlenbrüter wie Blaumeisen oder Feldsperlinge. Wasserstellen laden zum Baden und Trinken ein. Ein paar Sonnenblumen und schon besuchen Stieglitze, Bluthänflinge, Grünfinken oder Buchfinken den herbstlichen Garten. Wacholderdrosseln freuen sich im Winter über aufgeschnittenes Obst.

Blaumeise

WISSENSWERTES

Warum trommeln Spechte und bekommen dabei keine Kopfschmerzen? Darf man Jungvögel anfassen? Was ist eine Drosselschmiede? Können Enten auf dem Eis festfrieren? Lesen Sie die Antworten auf diese und viele weitere Fragen. Lernen Sie unsere heimischen Spechte, Meisen- und Drosselarten kennen oder finden Sie heraus, wie Sie die Schwalben von den Seglern unterscheiden können. Erfahren Sie, ob es sich bei den in Keilformation durchziehenden Vogelschwärmen um Kraniche oder Gänse handelt.

PRAKTISCHES

Ein Vogelhotel aus Maschendraht, ein klassischer Nistkasten für Höhlenbrüter und ein Futterhäuschen aus Holz, Schwalbennester aus Gips oder ein Futterspender aus einer Kunststoffflasche, das Sammeln von Samen und Nüssen, die eigene Winterfuttermischung sowie die Herstellung von Fettfutter – viele praktische Aktivitäten können Sie rund ums Jahr umsetzen. Gerade Kinder sind oft mit großer Begeisterung dabei und beobachten später ganz genau, ob und von wem der selbst gebaute Nistkasten bezogen wird oder wie schnell sich der mit eigens hergestellten Meisenknödeln geschmückte Weihnachtsbaum für Vögel leert. Ganz nebenbei wecken Sie so Interesse für die Natur und die Kinder lernen erste Vogelarten kennen.

FRÜH

LING

MUNTERES ERWACHEN

Endlich ist er da – der Frühling. Hellgrün erblüht die Landschaft, die Zugvögel sind zurückgekehrt und frühmorgens erschallt ein lautes Vogelkonzert aus Gärten und Parks. Lauthals singend verteidigen die Vogelmännchen ihr Revier gegen lästige Konkurrenten und versuchen so, ein Weibchen für sich zu gewinnen. Genau die richtige Zeit, um die Gesänge unserer heimischen Vögel kennenzulernen und zu üben, den Garten vogelfreundlich zu bepflanzen, Nistmaterial anzubieten und den selbst gebauten Nistkasten aufzuhängen.

Grünspecht

① DER VOGELFREUNDLICHE GARTEN IM FRÜHLING

Die Natur steckt in den Startlöchern und auch die Garten-Saison beginnt. Jetzt geht es darum, die jährlichen Pflegemaßnahmen vorzunehmen, Sonnenblumen und andere samentragende Großstauden zu säen oder ein für Vögel attraktives Beet aus einjährigen Sommerblumen anzulegen. Spätestens jetzt müssen alle Nistkästen gereinigt werden. Frei stehende Büsche und Hecken sind wichtig zum Verstecken oder als Nistplatz, der Rasen darf ruhig ein bisschen verwildert sein. Verzichten Sie auf jeglichen Gifteinsatz und drücken Sie öfter mal ein Auge zu. Lassen Sie Wildkräuter wie die Vogelmiere als Vogelfutter stehen – vielleicht in einer kleinen Wildkräuterecke – sowie Laub und Äste unter den Büschen liegen. Je unordentlicher, desto besser. Erhalten Sie alte Obstbäume mit natürlichen Bruthöhlen oder hängen Sie alternativ Nistkästen auf. Für Freibrüter können Sie Büsche und Bäume so schneiden, dass sich die Äste stark verzweigen. Dadurch entstehen geschützte Bereiche.

DIE VOGELMIERE

Zwar gilt sie im Allgemeinen als Unkraut, doch wo die Vogelmiere *(Stellaria media)* wächst, ist der Boden locker, humus- und nährstoffreich. Als Bodendecker schützt sie zudem vor Austrocknung und Abtragung. Bei Vögeln ist die Vogelmiere ausgesprochen beliebt – daher auch der deutsche Name. Vögel fressen sowohl die zarten grünen Blätter als auch die halbreifen Samenkapseln und die reifen Samen.

2 KOPFWEIDE PFLANZEN

Kopfweiden besitzen nicht nur einen hohen ökologischen Wert und bieten Lebensraum für zahlreiche Tierarten, sie sehen mit ihrer interessanten Krone auch ausgesprochen attraktiv aus. In den Baumhöhlen alter Kopfweiden brüten Steinkäuze, Hohltauben, Wendehälse, Gartenrotschwänze und Grauschnäpper. Die Ansiedlung im Garten ist denkbar einfach und kostengünstig. Sie brauchen lediglich einen kräftigen, etwa 2 m langen geraden Ast einer Silberweide *(Salix alba)* oder Korbweide *(Salix viminalis)*. Wollen Sie mit dem Schnittgut flechten, bietet sich Letztere an, da ihre Zweige besonders lang und biegsam

sind. Die beste Pflanzzeit ist der Spätwinter oder das zeitige Frühjahr, sobald der Boden frostfrei ist. Setzen Sie den Ast in ein ca. 30–40 cm tiefes Loch, füllen Sie dieses mit lockerem Humus und halten Sie die Erde feucht. Sie können vorsichtshalber mehrere Äste setzen, falls wider Erwarten einer der Äste nicht austreiben sollte. Schneiden Sie die im Laufe des Frühjahrs und Sommers seitlich am Ast austreibenden Triebe regelmäßig ab. Die Krone muss im kommenden Winterhalbjahr auf ca. 2–5 cm gekürzt und danach alle drei bis vier Jahre komplett zurückgeschnitten werden. Seitliche Triebe müssen weiterhin jährlich entfernt werden. So bildet sich mit der Zeit die typische Krone mit ihren Verzweigungen und knorrigen Aststümpfen. Werden alte Kopfweiden dagegen nicht mehr regelmäßig gepflegt, drohen deren Kronen auseinanderzubrechen.

1

2

3

4

3 SPECHTE KENNENLERNEN

Je nach Art bewohnen Spechte unterschiedliche Lebensräume mit altem, totholzreichem Baumbestand. Insgesamt zehn verschiedene Arten sind in unseren Wäldern, Parks und Gärten heimisch. Der weitaus häufigste Specht ist der (1) Buntspecht. Sein Gefieder ist schwarz-weiß, auffällig sind die leuchtend roten Unterschwanzdecken. Männchen haben zudem einen roten Fleck am Hinterkopf. Von Dezember bis zum Frühling kann man sein Trommeln hören. Ganzjährig ruft er laut und charakteristisch »Kick«. Dem Buntspecht zum Verwechseln ähnlich ist der vom östlichen Mitteleuropa bis zum Iran verbreitete Blutspecht. Der etwas kleinere (2) Mittelspecht hat eine auffällige rote Kopfkappe. Er bevorzugt grobrindige Bäume und ist daher überwiegend in alten Eichenwäldern anzutreffen. Ohne die roten Unterschwanzdecken seiner größeren Verwandten und seinem Namen entsprechend deutlich kleiner ist der (3) Kleinspecht. Er kommt auch in großen Parks und Gärten, auf Friedhöfen oder Streuobstwiesen vor. Einfarbig schwarz mit knallroter Kopfkappe, der (4) Schwarzspecht ist unverwechselbar. Unser größter Specht bewohnt insbesondere Mischwälder. Da er sich hauptsächlich von Ameisen ernährt, ist der (5) Grünspecht häufig am Boden unterwegs. Sein lachender Ruf ist sehr charakteristisch und weithin hörbar. Der (6) Grauspecht ruft ähnlich, doch klingt seine Rufreihe melodischer und in der Tonhöhe abfallend. Offene Wälder und abwechslungsreiche, sonnige Kulturlandschaften sind der Lebensraum des (7) Wendehalses. Als Ameisenjäger sucht er seine Nahrung vorwiegend am Boden. Er klettert kaum und kann im Gegensatz zu den anderen Spechtarten nicht an senkrechten Baumstämmen landen.

5

6

7

**DER SCHMIED
DES WALDES**

Achten Sie auf sogenannte
Spechtschmieden als Hinweis auf die
Anwesenheit von Buntspechten. Diese
erweitern vorhandene Risse oder Nischen
in Bäumen, um dort Nadelbaumzapfen,
Eicheln oder Haselnüsse einzuklemmen und
dann mit dem Schnabel zu öffnen. Am Boden
unterhalb von Bäumen liegende Schalen
oder zerfledderte Zapfen weisen den
Weg zu solch einer Schmiede. Dort
lassen sich Buntspechte mit etwas
Geduld und Glück häufig
gut beobachten.

4 WARUM TROMMELN SPECHTE?

Fast alle Spechtarten verständigen
sich hauptsächlich durch lautes Trommeln.
Sie schlagen mit ihrem Schnabel in schnellem
Tempo bis zu 20 Mal pro Sekunde gegen hohle
Baumstämme oder dünne Äste. Ausnahmen
sind lediglich der Mittelspecht, der Grünspecht
und der Wendehals, die nur selten oder gar
nicht trommeln. Am Rhythmus, der Frequenz
und Lautstärke kann ein geübter Hörer die verschiedenen Spechtarten unterscheiden und
auch, ob diese balzen, ihr Revier anzeigen und
verteidigen, Nahrung suchen oder eine Höhle
zimmern. Trotz der hohen Belastung bekommen Spechte übrigens keine Kopfschmerzen.
Ihr Gehirn ist nur von wenig Gehirnflüssigkeit
umgeben und sitzt relativ starr im Schädel.
So hat dieses weniger Bewegungsspielraum
und wird beim Klopfen nicht von innen gegen
die Schädeldecke geschleudert. Außerdem
ist der Schädel von starken Muskeln umgeben,
die als Stoßdämpfer wirken und die Wucht
des Aufschlags abfedern.

Buntspecht

⑤ GEREIMTE GESÄNGE

Es gibt unzählige Reime und Sprüche, mit denen die Vogelgesänge und Rufe lautmalerisch umschrieben werden können, um sich diese besser einzuprägen. Einige Vogelarten wie der Kuckuck, der Stieglitz und der Zilpzalp wurden sogar nach ihren Lautäußerungen benannt. Je nach Landesteil und Mundart variieren die Vogelstimmenverse, doch es gibt allgemein verbreitete, sehr bekannte Merksprüche wie die folgenden:

ZAUNKÖNIG
»Mücken und Fliegen,
die sind zu genießen,
aber Spinnen, Spinnen,
brrrrrrrrrrr, die zieh ich vor!«
oder mit Hermann Löns:
»Sau lüttj eck bün,
sau lüttj eck bün,
sau bün eck doch,
sau bün eck doch,
schniede-rideritt,
de Küning!«
ZILPZALP »Zilp-zalp, zilp-zalp,
zilp-zalp ...«
HAUSSPERLING »Schelm, Dieb!
Dieb, Schelm! Schelm ...«
BUCHFINK »Ja, wo bleibt denn
nur das würz'ge Bier?«
GOLDAMMER »Wie, wie, wie
hab ich dich liiieb!«
TÜRKENTAUBE »Du Kuh du!«
WALDKAUZ »Du –
lass mich in Ruh ...!«

VOGELSTIMMEN LERNEN

Vielerorts werden im Frühjahr Vogelstimmenexkursionen angeboten, um die Stimmen der heimischen Vögel zu lernen. Alternativ können Sie sich die Gesänge mithilfe einer CD einprägen. Mittlerweile gibt es auch Apps für das Handy oder verschiedene Onlinekurse, zuweilen in Quizform, die sowohl Kindern als auch Erwachsenen Spaß machen. Ein schönes Beispiel für so ein Vogelstimmenquiz finden Sie auf der Seite der Schweizerischen Vogelwarte Sempach: www.vogelwarte.ch/vogelstimmen-quiz

Buchfink

⑥ LAUSCHAKTION

Setzen Sie sich auf eine Bank in Ihrem Garten, im Park oder auch im Wald und legen Sie eine Pause ein. Wie viele verschiedene Vogelarten hören Sie heraus? Es ist gar nicht wichtig, dass Sie die einzelnen Arten auch benennen können. Interessant ist allein wahrzunehmen, wie viele unterschiedliche Gesänge zu hören sind. Mit ein wenig Übung werden Sie nach und nach neue Stimmen heraushören. Mit Kindern können Sie einen kleinen Wettbewerb daraus machen: »Wer hört die meisten Vogelarten innerhalb der nächsten zehn Minuten?« Eine schöne Übung zum Innehalten und Genießen der vielfältigen Laute unserer Landschaft, die Spaß macht und die Wahrnehmung schult.

DER FRÜHE VOGEL FÄNGT DEN WURM

7

Noch weit vor Anbruch der Dämmerung eröffnet der Hausrotschwanz (siehe Tipp) das morgendliche Vogelkonzert und ist damit als Insektenfresser die berühmte Ausnahme von der Regel. Kurz darauf starten die Weichfutterfresser wie das Rotkehlchen und die Amsel. Ihre großen Augen ermöglichen, dass sie die zu dieser frühen Stunde noch nahe der taufeuchten Oberfläche befindlichen Würmer entdecken und erbeuten.

Erst danach folgen weitere Insektenfresser wie der Zaunkönig, die Mönchsgrasmücke, die Kohlmeise und der Zilpzalp, die ebenfalls noch recht große Augen haben und im diffusen Licht kleine Fluginsekten und Spinnen jagen. Die Körnerfresser mit den verhältnismäßig kleinsten Augen brauchen besseres Licht, um sich zurechtzufinden. Buchfink, Haussperling und Grünfink fallen daher als Letzte in das vielstimmige Vogelkonzert ein.

DREIKLANG

Der charakteristische Gesang des Hausrotschwanzes ist eine Abfolge harter, gepresst vorgetragener Laute und besteht in der Regel aus drei Abschnitten. Er wird mit einer hellen Tonreihe eröffnet, es folgt ein kratziges Fauchen. Das Abschlusselement bilden weitere helle Töne.

VOGELUHR

Der Gesangsbeginn hängt von der Umgebungshelligkeit und somit vom Zeitpunkt des Sonnenaufganges ab. Dieser variiert je nach geografischer Lage und Jahreszeit. Die hier aufgeführten Zeitangaben sind grobe Richtwerte und gelten für Mitteldeutschland, Mitte Mai bei klarem Himmel.

Hausrotschwanz 4.00
Rotkehlchen 4.10
Amsel 4.15
Zaunkönig 4.20
Mönchsgrasmücke 4.20
Kohlmeise 4.40
Zilpzalp 4.50
Buchfink 5.00
Grünfink 5.15
Haussperling 5.20

8 BLUMENBEET FÜR VÖGEL

Ein buntes Blumenmeer aus nektarreichen Wildblumen und ungefüllten Zierblumen zieht zahlreiche Insekten und in der Folge insektenjagende Vögel wie Grauschnäpper, Hausrotschwanz und Rotkehlchen an. Für Körnerfresser wie Stieglitze, Bluthänflinge und Grünfinken ergänzen samentragende Großstauden wie Sonnenblumen sowie zahlreiche Wildkräuter oder auch ein- und zweijährige Blumen wie Wegwarte und Schmuckkörbchen das Beet. Lassen Sie die Blumen nach der Blüte stehen, damit die Samen ausreifen können und als Nahrung zur

9 SONNENBLUMEN FÜR STIEGLITZ & CO.

Sonnenblumenkerne sind bei vielen Vogelarten sehr beliebt. Die mittlerweile in verschiedenen Farbnuancen von rein gelb über orange bis rot gezüchteten Blumen sind zudem ein schöner Blickfang in der sommerlichen Landschaft und im heimischen Garten, auf dem Balkon oder der Terrasse. Sie blühen von Juli bis Oktober. Nach der Blüte locken Sie mit den reifen Samen der Sonnenblumen Stieglitze, Bluthänflinge, Grünfinken sowie eine Reihe weiterer Körnerfresser in Ihren Garten. Kleinere Sorten gedeihen auch in Balkonkästen und Blumentöpfen. Wählen Sie einen hellen sonnigen Standort und säen Sie die Samen ab April im Abstand von 30–40 cm in ein wenige Zentimeter tiefes Loch direkt in die Erde. Nach den letzten Frösten im Mai können Sie stattdessen auch bereits vorgezüchtete Pflanzen setzen. Achten Sie während der gesamten Vegetationsperiode auf ausreichend Feuchtigkeit.

Verfügung stehen. Nachfolgend eine Auswahl geeigneter Pflanzen: Akelei, Bergbohnenkraut, Blut-Weiderich, Disteln, Fenchel, Frauen-mantel, Johanniskraut, Kamille, Kuckuckslichtnelke, Kugeldisteln, Lavendel, Leinkraut, Lerchensporn, Mohn, Nachtkerzen, Natternkopf, Oregano, Rittersporn, Schafgarbe, Schmuckkörbchen, Sonnenblume, Veilchen, Wasserdost, Wegwarte und Wilde Möhre. Für viele Vogel-arten ist darüber hinaus ein unge-spritzter und ungedüngter Rasen mit Gänseblüm-chen, Klee und ande-ren Wildkräutern interessant.

10 LEHMPFÜTZE FÜR SCHWALBEN

Häufig fehlen unversiegelte Flächen, an denen Mehlschwalben Nistmaterial für ihre Nester sammeln können. Eine Lehmpfütze muss her! Damit der Lehm nicht bereits beim Transport austrock-net, sollten Sie diese nicht weiter als 300 m vom nächsten Niststandort ent-fernt anlegen. Achten Sie darauf, dass der Platz frei angeflogen werden kann und keine Deckung für Feinde wie Katzen oder Marder bietet. Heben Sie zunächst eine 5 – 10 cm tiefe Mulde aus, die Sie mit Teichfolie auskleiden. Alternativ kön-nen Sie eine flache Wanne aufstellen oder eingraben. Füllen Sie sodann ein Lehmgemisch in die Vertiefung. Dieses stellen Sie aus zwei Eimern Lehm sowie Stroh, Strohhäckseln, trockenem Gras oder Heu her. Mischen Sie im Verhältnis 9 : 1. Statt Lehm kön-nen Sie auch naturbelassene Lehm-ziegel aus dem Baumarkt verwenden, die Sie zunächst in Wasser auflösen müssen. Halten Sie die Lehmpfütze den ganzen Sommer über lang feucht, denn Mehlschwalben brüten zwei-bis dreimal im Jahr.

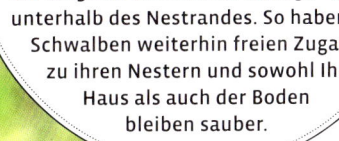

SCHWALBEN-SCH(M)UTZ

Keine Frage – dort, wo Schwalben nisten, ist es schmutzig. Doch die außen an Gebäuden nistenden Mehl-schwalben sind streng geschützt. Das Ent-fernen ihrer Nester ist ganzjährig verboten. Bretter unterhalb der Nester beugen den Verschmutzungen vor. Befestigen Sie einfach ein ca. 30 cm tiefes Brett etwa 50 – 60 cm unterhalb des Nestrandes. So haben die Schwalben weiterhin freien Zugang zu ihren Nestern und sowohl Ihr Haus als auch der Boden bleiben sauber.

Rauchschwalbe

11 WIE KRAUT UND RÜBEN

So lieben es Rotkehlchen und Zaunkönig, Fitis und Zilpzalp in Ihrem Garten. Sie bauen ihre Nester bevorzugt direkt am Boden oder in Bodennähe in der Strauchzone, in Hecken und Büschen oder auch in ungeord-neten Holzhaufen. Legen Sie daher in einer geschützten Gartenecke einen Reisighaufen an – durcheinander und unordentlich übereinander gestapelte Zweige und Äste sind ein ideales Versteck für ihre Nester.

Zaunkönig

12 NISTHILFEN FÜR FREIBRÜTER

Binden Sie sechs bis acht Zweige von 80–100 cm Länge an beiden Enden mit Bast zusammen und befestigen Sie die beiden Enden dann so an einem Baumstamm, dass ein Hohlraum entsteht. Besonders gut eignen sich Kiefer- oder Ginsterzweige. Auf diese einfache Weise bieten Sie Mönchsgrasmücken, Heckenbraunellen, Bluthänflingen und anderen Freibrütern ein geschütztes Versteck zum Bau ihres Nestes. Achten Sie darauf, diese Nisttasche entgegen der Wetterseite und unerreichbar für Katzen anzubringen.

Weißdorn, Hainbuche und Weide sowie eine Reihe weiterer Bäume oder Sträucher eignen sich für den Quirlschnitt. Sägen Sie die Gehölze vor dem Austrieb in 120–180 cm Höhe ab. Um die Schnittstelle herum bilden sich Verzweigungen, die im kommenden

13 NISCHENBRÜTER

Typische Vertreter für Vögel, die ihre Nester in natürlichen Nischen in Felswänden, Stein- und Geröllhaufen, Gebäuden oder aber in Baumspalten, zwischen Wurzeln und an Böschungen anlegen, sind Bachstelzen, Rotkehlchen, Grauschnäpper, Hausrotschwänze, Turmfalken oder Uhus. Manche Arten wie das Rotkehlchen bauen ihre Nester sowohl frei als auch in Nischen oder brüten so wie der Grauschnäpper zuweilen auch in Höhlen. Eine ausschließliche Einstufung als Höhlen-, Nischen- oder Freibrüter ist also nicht immer möglich. Der winzige Zaunkönig ist als einzige Vogelart Europas universell. Er baut sein Backofennest sowohl frei in Reisighaufen oder niedrige Gebüsche als auch in Gebäudenischen, Nistkästen oder andere Höhlen.

Grauschnäpper

FREIBRÜTER

Alle Vögel, die ihre Nester frei und nicht in Höhlen, Nischen oder Felsen anlegen, werden Freibrüter genannt. Sie bauen ihre Nester frei in Bäume, Sträucher, Hecken oder Holzhaufen. Die bodenbrütenden Arten wie der Fitis zählen ebenfalls zu den Freibrütern.

Herbst wiederum auf ca. 10 cm zurückgeschnitten werden. So entsteht eine dichte und komfortable Nistkrone. Schneiden Sie diese jährlich zurück, um einer Verkahlung vorzubeugen. Am besten eignen sich halbschattige bis sonnige Standorte, da sich dort dichtere Verzweigungen bilden als im Schatten. Dornengehölze wie Schwarzdorn oder Heckenrose bieten darüber hinaus einen besonders sicheren Schutz vor Feinden.

Fitis

14 HÖHLENBRÜTER

Tannenmeisen, Blaumeisen und Kohlmeisen, Spatzen, Kleiber, Schwalben und Stare sowie viele weitere Vogelarten brüten in Baumhöhlen, Felshöhlen, Mauerlöchern und Erdlöchern. Entweder sie bauen ihre Höhlen selber, so wie die meisten Spechte, oder sie nutzen bereits vorhandene natürliche Höhlen. Einige Arten ziehen als Nachmieter in verlassene Spechthöhlen ein. Wo natürliche Höhlen nicht in ausreichender Anzahl zur Verfügung stehen oder gänzlich fehlen, helfen Nistkästen. Im Handel gibt es für sämtliche Höhlenbrüter Nistkästen in verschiedenen Größen und Varianten. Alternativ können Sie Nistkästen nach Anleitung auch ganz einfach selber herstellen. Eine Anleitung zum Bau eines Meisenkastens

Kohlmeise

sowie für Mehlschwalbennester finden Sie in diesem Buch. Die meisten Arten bauen weich gepolsterte Nester in die Höhlungen, manche legen ihre Eier direkt auf den nackten Boden oder polstern diesen nur geringfügig mit Holzspänen oder anderen weichen Materialien.

WER PASST DURCH WELCHES LOCH?

Neben der Größe des Innenraumes ist der Durchmesser des Einfluglochs entscheidend. So können Sie Einfluss darauf nehmen, wer als möglicher Mieter infrage kommt. Tannenmeisen brauchen 2,6 – 2,8 cm ø, Blaumeisen 2,8 cm ø, Kohlmeisen 3,2 cm ø, Haus- und Feldsperlinge 3,2 – 3,5 cm ø, Kleiber 3,5 cm ø, Stare 5,5 cm ø und Buntspechte 6 cm ø. Spechte und Meisen können ein zu klein geratenes Loch mit dem Schnabel erweitern und der Kleiber gestaltet sich die Eingangstür passgenau nach seinen Bedürfnissen (siehe S. 79).

15 NISTKASTEN SELBST GEBAUT

Verwenden Sie unbehandelte Bretter von Kiefer, Fichte, Eiche, Robinie oder Lärche, ca. 2 cm stark. Die Innenseite sollte rau sein, damit die jungen Vögel später leichter an den Wänden hochklettern können. Gegebenenfalls können Sie die Bretter mit einer Raspel aufrauen. Um die einzelnen Teile zu verbinden, benötigen Sie ca. 25 Nägel oder Schrauben, 4 – 5 cm, und zwei bis drei Nägel, 8 – 10 cm, um den Kasten am Baum zu befestigen. Alternativ eignet sich auch ein am Kasten angebrachter Draht.

Sägen Sie die Bretter wie auf der Abbildung angegeben oder lassen Sie sich diese im Bau- oder Holzfachmarkt zusägen. Zeichnen Sie das Einflugloch in der gewünschten Größe auf der Vorderseite auf (siehe Kreistipp S. 20). Damit die Jungvögel später sicher vor Katzen- oder Mardertatzen sind, sollte dieses mindestens 17 cm oberhalb der Unterkante sein. Um den Eingang auszusägen, entweder ein kleines Loch bohren und den Rest mit der Stichsäge aussägen oder viele kleine Löcher kreisförmig bohren und das Holzstück mit dem Hammer herausschlagen. Danach den Rand abschleifen und zur Belüftung vier bis fünf kleine Löcher in den Boden bohren.

Vernageln oder verschrauben Sie zunächst die Seitenwände und die Rückwand mit dem Boden und setzen Sie anschließend die Decke auf.

Die Vorderwand nur am oberen Ende befestigen, damit sie nach oben geklappt und der Kasten gereinigt werden kann. Zur Sicherung der Vorderklappe einen im rechten Winkel umgeschlagenen Nagel oder eine Winkelschraube als Schließmechanismus anbringen. Abschließend die Leiste zum Aufhängen des Kastens mittig an der Rückseite befestigen.

Sie können die Außenwände als Witterungsschutz mit Leinöl oder umweltfreundlichen Farben behandeln.

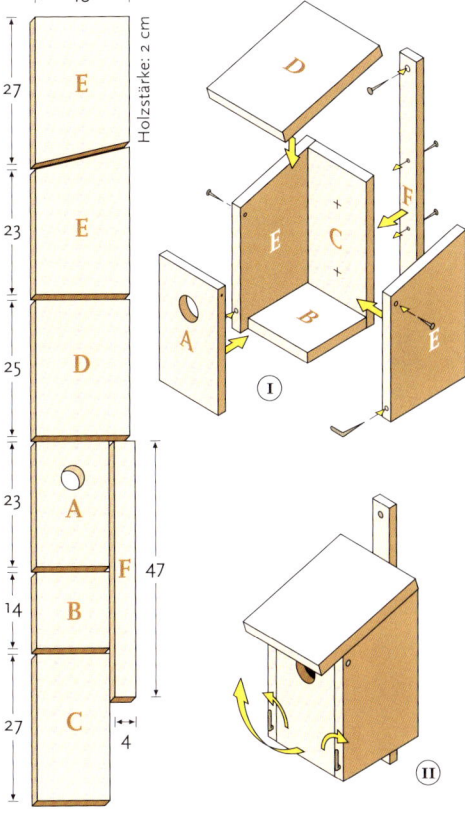

16 VOGELHOTEL

Aus ein paar Weiden- oder Haselnussruten und einem Stück Maschendraht können Sie einfach und schnell ein Brutparadies für Freibrüter schaffen. Schlagen Sie je nach gewünschtem Umfang sechs bis zehn Zweige im Abstand von ca. 30 cm an einer ruhigen und geschützten Stelle im Garten kreisförmig in den Boden. Drapieren Sie den Maschendraht rund um die Äste und befestigen Sie diesen. Alternativ können Sie die Äste auch erst in den Maschendraht einflechten und danach in vorbereitete Löcher im Boden stecken. Abschließend füllen Sie den so entstandenen Raum locker mit kleinen Ästen und Zweigen, Blättern und Gräsern.

17 WEICHE POLSTER

Emsig sind die Vögel im Frühjahr damit beschäftigt, allerlei Nistmaterial zu sammeln, um ihr Nest zu bauen und weich auszupolstern. Gelegentlich muss dann schon einmal die Kokosmatte, mit der die Blumenampel ausgelegt ist, daran glauben ... Vorbeugend können Sie Nistmaterial bereitstellen. Weiche Gräser, Wolle oder Flaumfedern, z. B. aus einem ausgedienten Kissen, nehmen Spatzen und Meisen gerne an. Im Handel können Sie spezielle Nistmaterialhalter kaufen. Den gleichen Zweck erfüllen die im Winter für Meisenknödel genutzten Futterspiralen. Alternativ können Sie auch einfach ein leeres Zitronennetz befüllen und aufhängen.

18 JUNGVOGEL GEFUNDEN – WAS NUN?

Immer wieder werden Jungvögel aus Unkenntnis eingesammelt. Viele Jungvögel verlassen ihr Nest jedoch, bevor sie vollständig flügge sind. Beobachten Sie daher einen scheinbar hilflosen Vogel eine Weile, in aller Regel wird er auch außerhalb des Nestes weiter von den Eltern versorgt. Gegebenenfalls können Sie ihn aus der Gefahrenzone von Fahrzeugen und Katzen an einen sicheren Ort oder zurück ins Nest setzen. Meist brauchen Jungvögel auch noch längere Erholungspausen zwischen den unsicheren ersten Flugversuchen, daher können Sie sich häufig nähern, ohne das sie auffliegen. Nur kranke oder verletzte Vögel sowie solche, die auch nach längerer Beobachtung nicht von Elterntieren versorgt werden, sollten Sie in menschliche Obhut geben. Bei extremer Hitze stürzen sich Jungvogel von Gebäudebrütern aufgrund der hohen Temperaturen in ihren Nestern auf der Suche nach

JUNGVÖGEL ANFASSEN?

Werden die Kleinen dann von den Eltern verstoßen? Dieser Glaube hält sich weiterhin hartnäckig, doch im Gegensatz zu Säugetieren stören sich Vögel am menschlichen Geruch nicht. Daher ist es möglich, Jungvögel zu beringen, wissenschaftlich zu vermessen oder zu untersuchen und danach ins Nest zurückzusetzen. Sie werden sofort wieder von den Eltern versorgt.

Haussperling

Abkühlung aus dem Nest und dürfen dann auf keinen Fall wieder zurück ins Nest gesetzt werden. Mauersegler oder Schwalben werden einmal am Boden nicht mehr von ihren Eltern versorgt. Wenden Sie sich in diesem Fall an eine Aufzuchtstation. Gegebenenfalls erteilen der örtliche Tier- oder Naturschutzverein oder ein Tierarzt Auskunft. Tierheime sind zuständig für Haustiere und dürfen keine Wildtiere aufnehmen.

Junge Blaumeisen

19 STUNDE DER GARTENVÖGEL

Besonders Kinder können Sie für diese Mitmachaktion des NABU begeistern. Der Wettbewerbscharakter steckt an, außerdem locken zahlreiche Preise: Jedes Jahr am zweiten Maiwochenende zählen Tausende von Menschen bundesweit in Parks, Gärten oder vom Balkon aus alle Vögel, die sie innerhalb einer Stunde beobachten, und melden ihre Ergebnisse dann an den NABU. Weitere Infos: www.stundedergartenvoegel.de

20 JÄGER DER NACHT

Wann haben Sie das letzte Mal eine Nachtwanderung unternommen? Kinder werden Sie bestimmt begeistern können, mit einer Taschenlampe bewaffnet abends gemeinsam in den Wald zu ziehen und sich auf die Suche nach den heimlichen Jägern der Nacht zu machen. Von Ende Januar bis zum Brutbeginn werben die Männchen der heimischen Eulen um ein Weibchen. Dann stehen die Chancen am besten, die Balzgesänge bei einem Abendspaziergang zu hören. Der ❶ Waldkauz ist unsere häufigste Eule und sein Ruf am bekanntesten. Weithin schallt sein lautes »Huuuuh – huhuhuhuuh«. Die ebenfalls weit verbreitete ❷ Waldohreule ruft dumpf »hu – hu – hu – hu«. Teilweise bis in den Mai hinein singen ❸ Raufußkäuze ihre schnelle und im Tonfall leicht ansteigende Folge von fünf bis sieben »Hu«-Lauten, die sie mit kurzen Pausen wiederholt vortragen. Die kleinste Eule Europas ist der ❹ Sperlingskauz. Er jagt überwiegend Singvögel und ist häufig

AUF ZUR SCHLEIEREULE

Vielerorts werden im Frühjahr Exkursionen zu einem örtlichen Schleiereulennistkasten angeboten. Nutzen Sie die Chance, diese nachtaktiven Vögel kennenzulernen. Meist sitzen die Altvögel in einer Ecke der Scheune, wo sie den Tag schlafend verbringen, und können dann gut beobachtet werden. Sie erfahren Wissenswertes über ihre Lebensweise und sehen einen Nestling mal ganz aus der Nähe.

schon zur Abenddämmerung aktiv. Sein Gesang ist leise und charakteristisch. Mitunter stundenlang wiederholt er im Abstand von etwa zwei Sekunden »djü – djü – djü …«. »Chrüüüh«. Liegt Ihr Garten in ländlicher Umgebung, können Sie im Frühling und Sommer nach Einbruch der Dunkelheit gelegentlich den lang gezogenen kreischenden Ruf einer überfliegenden **5** Schleiereule hören, wenn Sie nach Einbruch der Dunkelheit noch draußen sitzen. Der sehr ruffreudige **6** Steinkauz bevorzugt offene Landschaften. Sein Bestand in Mitteleuropa ist rückläufig. Dort, wo er vorkommt, ist der monotone Reviergesang oft über Stunden und manchmal auch tagsüber zu hören. Im Abstand von drei bis fünf Sekunden ertönt sein lang gezogenes »Uuuh« oder »Ghuk«.

21 NACHTSÄNGERIN

Schon ihr Name weist darauf hin: Nachtigall, die Nachtsängerin. Zwar ist ihr Gesang auch tagsüber zu hören, doch zur Balzzeit im Frühjahr singt sie überwiegend in den Abendstunden bis zur Morgendämmerung. Den lauten und melodischen Gesang unterbricht sie immer wieder mit einem schluchzenden und wehmütig klingenden Flöten: »dü-düh-düüüh«. Verlegen Sie Ihren abendlichen Spaziergang in ein typisches Nachtigallenhabitat, um dem abwechslungsreichen und schönen Vortrag der berühmten Sängerin zu lauschen (siehe S. 75).

M E R

GESCHÄFTIGES TREIBEN

Die Tage werden wärmer, die Gesangsintensität lässt nach. Alle Vögel sind emsig damit beschäftigt, den Nachwuchs zu versorgen und in die Selbstständigkeit zu entlassen. An heißen Tagen sind Schattenplätze gefragt. Ein vielfältig gestalteter Garten bietet ausreichend Nahrung sowie geschützte Brut- und Rastplätze. Schwalben und Mauersegler bevölkern den sommerlichen Himmel. Werden Sie ein aufmerksamer Beobachter und lernen Sie die Akrobaten der Lüfte zu unterscheiden.

22 DER VOGELFREUNDLICHE GARTEN IM SOMMER

Im Sommer können Sie sich zurücklehnen und Ihren Garten genießen. Suchen Sie sich ein schönes Plätzchen und erfreuen Sie sich am bunten Treiben der Vögel. Die Vogeleltern sind emsig damit beschäftigt, Futter für ihren Nachwuchs heranzuschaffen, um diesen großzuziehen. Mit einem Fernglas können Sie auch die am Himmel kreisenden Greifvögel oder die den Insekten hinterherjagenden Schwalben und Mauersegler beobachten und bestimmen. Mit ein wenig Geduld und Ausdauer gelingt Ihnen bestimmt das ein oder andere schöne Foto – oder Sie versuchen sich darin, eine Vogelskizze zu zeichnen. Sie können auch ein Beobachtungstagebuch der Vögel, die Sie in Ihrem Garten, im Park oder beim Spaziergang entdecken, anfertigen und regelmäßig führen. Im Garten gibt es jetzt weniger

zu tun als im Frühjahr. Zeit, um even-
tuell einige zusätzliche Attraktionen
einzurichten. Wie wäre es mit der
Anlage eines Gartenteiches oder eines
Sandbadeplatzes für Spatzen? Vor
allem an heißen Tagen müssen die
Pflanzen im Garten regelmäßig bewäs-
sert werden – auch Vögel brauchen
sauberes und täglich frisches Wasser.
Wenn kein Gartenteich vorhanden
ist, erfüllen kleine Wasserstellen
zum Trinken und Baden den gleichen
Zweck. Spätestens jetzt sollten
Sie auch einen offenen Kompost-

haufen einrichten. Zum einen sorgen
Sie damit für ausreichend nährstoff-
reichen Humus als natürlichen Dünger
für Ihren Garten, zum
anderen dient dieser
als Nahrungsquelle für
zahlreiche Vogelarten.

WALD-
ERDBEEREN

Sie sind nicht nur köstlich im
Geschmack, sondern auch ein wunder-
barer Bodendecker unter Büschen und
Bäumen. Nur wenige Pflanzen reichen aus,
denn die wuchsfreudigen Walderdbeeren
breiten sich über ihre Ableger in Windeseile aus.
Setzen Sie ca. 5 Pflanzen pro Quadratmeter in den
aufgelockerten Boden und reichern Sie diesen
etwas mit Kompost an. Bereits nach einem Jahr
haben sich die Walderdbeeren über ihre Ableger
flächendeckend ausgebreitet. Von Mai bis in
den Spätsommer hinein können nun die
aromatischen Früchte von Mensch
und Tier geerntet werden.
Wer ist schneller?

23 AKROBATEN DER LÜFTE

Was wäre ein Sommer ohne die charakteristischen schrillen Rufe und kunstvollen Luftspiele der Schwalben und Segler? Die geschickten Flugkünstler prägen den sommerlichen Himmel auf ihrer Jagd nach Insekten. Auf den ersten Blick sehen sie sich recht ähnlich, doch Segler sind deutlich größer. Kennzeichnend ist zudem ihr sichelförmiges Flugbild, hervorgerufen durch die langen gebogenen Flügel. (1) Mauersegler haben bis auf ihre weißliche Kehle ein schwarzbraunes Gefieder. Mit über 50 cm Flügelspannweite sind Alpensegler die größten Segler Europas. Sie besiedeln das südliche Europa und sind leicht an ihrem rein weißen Bauch zu erkennen. Ihr nördlichstes Vorkommen liegt in Freiburg im Breisgau.

Die überwiegend graubraun gefärbte Felsenschwalbe ist ebenfalls eine südeuropäische Art. Ihr Schwanz ist nicht gegabelt. Uferschwalben sind oberseits braun und unterseits weiß mit einem braunen Brustband. Sie brüten in steilen Sandabbrüchen, meist in der Nähe von Gewässern. (2) Mehlschwalben bauen ihre Nester an Außenwänden von Gebäuden. Ihre Oberseite ist blauschwarz, die Unterseite rein weiß. Im Flug fällt der deutliche weiße Bürzelfleck auf. Ihr Schwanz ist im Unterschied zur (3) Rauchschwalbe nur leicht gegabelt. Die ebenfalls blauschwarzen Rauchschwalben haben zudem eine rostrote Kehle und ein schwarzes Brustband. Sie brüten im Inneren von Gebäuden, gerne in Ställen oder Beobachtungshütten.

24 GEFÄHRLICHES SPIEGELBILD

Jedes Jahr sterben unzählige Vögel durch die Kollision mit Glasscheiben. Sie werden entweder durch die Spiegelung der Landschaft in einer Glasfläche getäuscht oder nehmen diese wie im Fall von glasernen Lärmschutzwänden nicht als Hindernis wahr. Vorbeugend sollte bereits beim Bau vermehrt auf transparentes und stark spiegelndes Glas verzichtet werden. Wirkungsvoll bei bereits vorhandenen Glasscheiben sind senkrechte, etwa 2 cm breite, im Abstand von höchstens 10 cm an der Außenseite befestigte Klebestreifen. Bewährt haben sich zudem frei hängende Bänder und Kordeln oder andere Dekorationen und Muster wie Zeichnungen mit Fingerfarben, Firmenembleme oder Dekorsprays, auch Gitter, Mückenschutznetze, Gardinen und Rollos – oder ganz einfach: ungeputzte Fenster!

Die weit verbreiteten Silhouetten von Greifvögeln helfen dagegen kaum, da diese nicht als Feind erkannt werden. Ein Trick ist das Einsprühen der Aufkleber mit wasserunlöslichem Sonnenschutzmittel mit einem hohen Lichtschutzfaktor. Es reflektiert auch an bewölkten Tagen kurzwellige Sonnenstrahlen, welche von Vögeln sehr gut wahrgenommen werden. Grundsätzlich sind alle außenseitig angebrachten Maßnahmen wirkungsvoller. Schließlich gilt: je attraktiver der umgebende Lebensraum, desto höher die Gefahr. Futterstellen und Nistkästen daher möglichst weit von Fensterscheiben entfernt aufhängen, Bäume oder Büsche nicht in unmittelbarer Nähe von Glaswänden anpflanzen.

VOGELOPFER

Immer wieder kommt es zu Kollisionen mit Glasflächen. Je nach Wucht des Aufpralls berappeln sich die Vögel nach kurzer Zeit und fliegen weiter. Andernfalls setzen Sie den verunglückten Vogel in einen kleinen Karton. Wenn keine sichtbaren Verletzungen zu finden sind, können Sie ihn nach einer kurzen Erholungspause entfernt von der Glasfläche wieder freilassen. Sollte dieser Flugversuch misslingen, wenden Sie sich an eine Vogelpflegestation oder einen Tierarzt.

Singdrossel

25 KOMPOSTHAUFEN

In einem naturnahen Garten ist er unverzichtbar. Der aus welken Blättern, alten Zweigen, Staudenschnitt, Obst- und Gemüseresten, Rasenschnitt sowie weiteren organischen Abfällen entstandene fruchtbare Humus ersetzt künstliche Dünger und torfhaltige Blumenerde. Ein einfacher und nach oben offener Holzlattenkomposter ist absolut ausreichend und darüber hinaus eine ergiebige Nahrungsquelle für verschiedene Vogelarten. Hier wimmelt es von Larven, Raupen, Käfern, Schnecken, Würmern sowie weiteren kleinen Insekten und Spinnen. Ein wahres Paradies für Amsel und Co.,

STAUBBAD

Beobachten Sie sandbadende Spatzen einmal ganz genau: Als wären sie im Wasser, ducken sie sich dicht an den Boden, wackeln dabei mit meist gespreizten Flügeln mit ihrem ganzen Körper und »seifen« sich regelrecht mit Sand ein. Danach folgt heftiges Schütteln und Putzen. Parasiten und Schmutz werden mit dem Sand regelrecht herausgeschleudert.

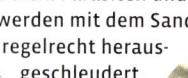

26 SANDBAD FÜR SPATZEN

Spatzen lieben Staubbäder. Bieten Sie den Vögeln an einem sonnigen und exponierten Standort in Ihrem Garten eine Sandbadestelle an. Füllen Sie einen großen Blumenuntersetzer mit feinem Quarzsand oder Spielsand. Alternativ können Sie eine flache Mulde ausheben und mit einer wasserdurchlässigen Folie oder einem Vlies vor Unkrautbewuchs schützen, bevor sie diese mit Sand füllen. Zum Schutz vor der Verunreinigung durch Katzen über Nacht abdecken. Halten Sie den Sand sauber, indem Sie ihn regelmäßig austauschen.

die den Komposthaufen mit Vorliebe nach Essbarem durchwühlen. Legen Sie den Komposthaufen an einer schattigen und abgelegenen Stelle im Garten an. Zum einen, damit dieser nicht austrocknet und zum anderen, um optimale Lebensbedingungen für die lichtscheuen Kleinstlebewesen zu schaffen, die für die Zersetzung zuständig sind. Diese benötigen außerdem reichlich Sauerstoff. Sorgen Sie daher für eine ausreichende Belüftung, indem Sie das Material locker aufschichten. Vor allem Rasenschnitt luftig und abwechslend mit anderen Grünabfällen einbringen. Essensreste, verdorbene Lebensmittel oder mit Insektiziden behandelte Pflanzen gehören dagegen nicht auf den Kompost.

Amsel

27 WASSERSTELLEN IM GARTEN

Zu allen Jahreszeiten brauchen Vögel Wasser zum Trinken und Baden. Im Handel gibt es zahlreiche Vogeltränken zu kaufen, die nicht nur nützlich sind, sondern auch dekorativ aussehen. Eine flache Schale oder ein Blumenuntersetzer erfüllen jedoch den gleichen Zweck. Achten Sie darauf, dass die Badestelle sonnenbeschienen ist. Im Umkreis von einigen Metern sollte sie frei von Büschen sein, in denen sich Katzen oder andere Feinde verstecken könnten. Wechseln Sie das Wasser täglich aus, um die Vögel vor Krankheiten zu schützen. Zudem sollten Sie dem Behältnis regelmäßig mit klarem Wasser und Wurzelbürste zu Leibe rücken. Je nach Wetterlage und Temperatur ist eine tägliche oder wöchentliche Reinigung notwendig. Bitte verwenden Sie dafür keine Reinigungs- oder Desinfektionsmittel.

28 STRASSENTAUBEN NICHT FÜTTERN

In unseren Städten gibt es Nahrung im Überfluss: ob Essensreste und verschiedene Abfälle oder gezielte Fütterungen mit Brot. Brutplätze stehen in Form von Mauervorsprüngen, Spalten und Höhlen von Gebäuden ebenfalls ausreichend zur Verfügung. Ideale Voraussetzungen, um sich massenhaft zu vermehren. Die Überbevölkerung, schlechte hygienische Bedingungen und die Mangelernährung führen zu Krankheiten, Parasitenbefall und hoher Jungensterblichkeit. Abhilfe kann ein in vielen Städten bereits angewandtes Tauben-Management schaffen. Tauben werden in eigens eingerichteten Taubenschlägen an- und umgesiedelt. Dort können die Bestände gezielt reguliert werden. Begleitend werden andere Nistplätze unzugänglich gemacht und das Futterangebot reduziert.

29 KEIN BROT FÜR ENTEN

Die natürliche Nahrung von Enten ist vielseitig und besteht überwiegend aus pflanzlicher Kost wie verschiedenen Samen, Früchten und Wasserpflanzen, aber auch Schnecken, Würmer, Frösche und weitere kleine Tiere werden verzehrt. Brot und Brötchen sind dagegen keine artgerechte Ernährung. Vor allem die im Wasser zu einem klebrigen Brei aufgeweichten Brotreste verursachen bei Wasservögeln Verdauungsprobleme. Durch

30 EINIGE EXOTEN

Nilgans, Schwarzschwan, Halsbandsittich & Co.: An Parkgewässern, auf Feldern und Wiesen sowie in städtischen Parks und Grünanlagen tummeln sich eine Reihe von exotischen Arten, die Nachfahren von aus Gefangenschaft entflohenen oder ausgesetzten Vogelarten sind. Neben Nilgänsen haben sich weitere Entenvögel wie Schwarzschwäne, Rostgänse, Brautenten und Mandarinenten erfolgreich in Europa etabliert. Sie brüten hier seit vielen Jahren und können regelmäßig zwischen heimischen Arten beobachtet werden. Ein weiteres Phänomen ist die Einbürgerung des Halsbandsittichs. Die grünen Papageien fühlen sich mittlerweile in vielen Städten Europas wohl. Weitere Papageienarten bilden Populationen an verschiedenen Standorten. Dazu gehören der Große Alexandersittich, Blaustirnamazonen und Gelbkopfamazonen. Dagegen überleben entflogene Wellensittiche, Nymphensittiche oder Zebrafinken bei uns höchstens die warme Jahreszeit.

Mandarinente

eine längere einseitige Ernährung mit Brot kann es zudem zu Nährstoffmangel kommen. Die Tiere werden anfälliger, Krankheit und Tod sind die Folgen. Darüber hinaus stellt die oft übermäßige Einbringung von Brot eine erhebliche Umweltbelastung für das Ökosystem der Gewässer dar. Das verrottende Brot entzieht dem Wasser Sauerstoff, die Gewässer werden zu nährstoffreich und fangen an zu stinken. Fische und andere Wasserbewohner sterben aufgrund des Sauerstoffmangels.

ERNA ENTE

Erna Ente ist ein mehrfach ausgezeichnetes Projekt des Erna-Ente-Team e. V. in Bad Nauheim. Da das private Füttern von Tauben, Wasservögeln und Fischen in Bad Nauheimer Parks seit 2004 verboten ist, wurde das Projekt ins Leben gerufen. Täglich werden im Kurpark am Großen Teich Wasservögel kontrolliert mit gesunder und artgerechter Nahrung öffentlich gefüttert. Darüber hinaus gibt es zahlreiche Aktionen und Informationen zur Tier- und Pflanzenwelt. Nähere Infos unter: www.erna-ente-treff.de

31 VÖGEL BEOBACHTEN

Ob im eigenen Garten, im Wald oder in der Stadt – Vögel können Sie überall beobachten. Die beste Zeit für die Beobachtung von Singvögeln ist morgens oder abends, denn dann sind sie am aktivsten. Greifvögel können Sie mittags und nachmittags am Himmel kreisen sehen. Eulen sind dämmerungs- oder nachtaktiv. Viele Arten machen sich zuerst durch ihren Gesang bemerkbar, daher ist es empfehlenswert,

32 INS RECHTE BILD GERÜCKT

Sie brauchen keine teure Ausrüstung, um die Vögel in Ihrem Garten abzulichten und schöne Ergebnisse zu erzielen. Das Wichtigste sind Geduld und Ausdauer. Am besten suchen Sie sich eine Stelle, an der regelmäßig Vögel erscheinen. Oft bietet sich der Futterplatz an. Vielleicht bringen Sie in der Nähe noch einen natürlich wirkenden Ast als Anflugstelle an. Dort können die Vögel vor dem Ansturm auf das Winterfutter landen und dann wunderbar fotografiert werden. Achten Sie auf den Hintergrund: Zäune, Häuser, Spielgeräte oder Autos können störend wirken. Der Vogel muss auch nicht zwingend genau in der Mitte sein. Für einen ausgewogenen Bildausschnitt zählt der Gesamteindruck des Fotos. Lassen Sie daher ein wenig Raum um den Vogel herum. Das schönste Licht zum Fotografieren hat man frühmorgens oder abends sowie an bewölkten Tagen, wenn es keine direkte Sonneneinstrahlung gibt und der Kontrast zwischen Licht und Schatten am ausgewogensten ist. Aus Rücksicht auf die Vögel sollten Sie zudem auf das Blitzlicht verzichten.

Gartenrotschwanz, Weibchen

zumindest die häufigsten Vogelstimmen zu lernen. Am besten beginnen Sie bereits im späten Winter oder zeitigen Frühjahr, wenn die Zugvögel noch im Winterquartier sind und nur wenige Arten singen. Das wichtigste Hilfsmittel zum entspannten Beobachten ist ein Fernglas. So können Sie die Vögel genau studieren, ohne diese zu stören oder zu vertreiben. Ein Bestimmungsbuch sowie Block und Bleistift für Notizen oder Skizzen ergänzen die Ausrüstung.

33 EIN BEOBACHTUNGSTAGEBUCH ANLEGEN

Ein Block oder ein kleines Notizbuch sowie ein Stift sind ausreichend – mehr brauchen Sie nicht, um Ihr persönliches Beobachtungstagebuch zu führen. Stecken Sie beides in die Tasche und notieren Sie Ihre Beobachtungen und wichtige Details bereits unterwegs. So gerät später nichts in Vergessenheit. Wieder zu Hause angelangt, sind diese Angaben eine hilfreiche Gedankenstütze, wenn Sie Ihre Daten zum Beispiel bei der Internetplattform Ornitho melden wollen. Folgende Angaben sind empfehlenswert: Datum, Tageszeit und Wetterlage, Ortsangabe und Lebensraum wie beispielsweise Wald, offene Landschaft oder Teiche, Artname und, soweit bekannt, das Geschlecht. Üblich ist hier folgende Schreibweise: 1,1 Stockente, das bedeutet: 1 (Männchen), 1 (Weibchen). Außerdem können ergänzende Notizen zu Verhalten und Lautäußerungen oder kleine Skizzen interessant sein.

EINE FELDSKIZZE ANFERTIGEN

Manchmal ist das Vogelbuch zu schwer – doch für Notizblock und Bleistift findet sich immer ein Platz. Wenn dann ein unbekannter Vogel auftaucht, können Sie eine kleine Skizze anfertigen und mit deren Hilfe den Vogel später im Vogelbuch nachbestimmen. Zeichnen Sie grob die Umrisse des Vogels, die Schnabelform sowie Details des Gefieders und notieren Sie direkt an der Skizze weitere wichtige Merkmale wie die Färbung der einzelnen Körperpartien. Nützlich können auch Anmerkungen zu Rufen und Gesang sein.

34 ORNITHO.DE

Es gibt zahlreiche vogelkundliche Erfassungsprogramme, mit denen planmäßig Daten zu bestimmten Arten, Artengruppen oder Lebensräumen gesammelt werden. Für alle Vogelbeobachtungen, die nicht im Rahmen dieser systematischen Erfassungsprogramme dokumentiert werden, wurde die Internetplattform Ornitho entwickelt und eingeführt. Hier kann sich jeder registrieren und seine persönlichen Daten melden. Ein unschätzbarer Fortschritt, denn damit können jetzt ebenfalls Gelegenheitsbeobachtungen und Zufallsentdeckungen sowohl wissenschaftlich als auch für die Naturschutzarbeit ausgewertet und genutzt werden. Notieren Sie Ihre Beobachtungen auf dem Weg zur Arbeit, auf dem Balkon oder im Garten, bei Spaziergängen und Exkursionen. Jede Beobachtung zählt! Je mehr Daten gesammelt werden, desto aussagekräftiger sind diese. Für die spätere Eingabe bei Ornitho benötigen Sie als Mindestangabe den jeweiligen Artnamen, die Anzahl der gesehenen Vögel, das Datum sowie die Ortsangabe. Weitere Informationen: www.ornitho.de

Buchfink

Bluthänfling

35 ORNITHO IN EUROPA

Seinen Ursprung hat Ornitho in der Schweiz, wo das Internetportal im Februar 2003 im Raum Genf gegründet wurde. Es folgten weitere Länder. Neuestes Mitglied seit Mai 2015 ist Polen. Einmal registriert gelten die Zugangsdaten übrigens für alle Länder einheitlich, sodass Beobachtungen aus Urlauben und Kurzaufenthalten in einem der Nachbarländer problemlos für das jeweilige Land eingegeben werden können.

In folgenden Ländern und Regionen gibt es Ornitho:

SCHWEIZ www.ornitho.ch – seit Februar 2003 (Genf), seit Januar 2007 (gesamte Schweiz)

FRANKREICH: www.ornitho.fr – 2006 (Haute-Savoie), September 2010 (Gesamtfrankreich)

KATALONIEN www.ornitho.cat – seit März 2009, neben Vögeln können auch Beobachtungen von Säugetieren, Reptilien, Amphibien, Libellen, Schmetterlingen und Singzikaden gemeldet werden.

ITALIEN www.ornitho.it – seit Februar 2009, neben Vögeln können auch Beobachtungen von Reptilien, Amphibien und Libellen gemeldet werden.

DEUTSCHLAND www.ornitho.de – seit Oktober 2011

LUXEMBURG www.ornitho.lu – seit Oktober 2011

ÖSTERREICH www.ornitho.at – seit Mai 2013

POLEN www.ornitho.pl – seit Mai 2015

WELCHES FERNGLAS?

Zur Vogelbeobachtung eignen sich sieben- bis zehnfache Vergrößerungen am besten. Die Preisspanne ist gewaltig und reicht von 20 bis 2 500 Euro. Annehmbare Qualität erhalten Sie ab ca. 150 Euro. Probieren Sie das Fernglas vor dem Kauf bei einem Händler aus. Vergleichen Sie unterschiedliche Vergrößerungen, testen Sie die Scharfstellung, die Bedienungsfreundlichkeit, das Gewicht und wie das Fernglas in Ihrer Hand liegt. Als Brillenträger sollten Sie zudem auf anpassbare Augenmuscheln achten.

36 GEWÖLLE

Eine Reihe von Vogelarten, vor allem Eulen und Greifvögel, verspeisen ihre Nahrung im Ganzen oder in großen Stücken. Die unverdaulichen Nahrungsreste wie Haare, Federn, Knochen, Fischgräten, Überreste von Schneckengehäusen, Muscheln und Krebspanzern oder Chitinteile von Insekten werden dann als Speiballen wieder herausgewürgt. An der Zusammensetzung dieser sogenannten Gewölle können Experten erkennen, was genau die Vögel gefressen haben. Sie sortieren die Rückstände, identifizieren diese und können so das Beutespektrum der jeweiligen Vogelart bestimmen sowie herausfinden, welche Tiere in deren Jagdgebiet vorkommen. Man muss jedoch kein Spezialist sein, um Gewölle zu untersuchen. Vor allem Kinder sind häufig sehr interessiert, die Speiballen vorsichtig auseinanderzuzupfen, die Knochen zu ordnen und zu betrachten. Am besten eignen sich die Gewölle von den größeren Eulenarten wie Schleiereule, Waldkauz oder Waldohreule, da diese in der Regel zahlreiche Skelettteile von Mäusen enthalten. Gewölle können Sie in der Nähe der Nistplätze, unter Schlafbäumen oder Sammelplätzen von Eulen finden oder über Naturschutzverbände und Vogelschutzzentren erhalten.

SCHLAFBÄUME

Achten sie auf Ansammlungen von Kot und Gewöllen unter Bäumen – diese sind ein erster Hinweis auf Schlafplätze von Waldohreulen. Gut getarnt verbringen diese dort den Tag, oft in Gruppen aus mehreren Tieren. Mit ein wenig Glück können Sie die schlafenden Vögel mit den großen Federohren und dem rindenfarbigen Gefieder im Geäst entdecken.

Waldohreule

Turmfalke

37 FEDERN

Federn wirken wärme-
isolierend, ermöglichen das Fliegen
und übernehmen Signal- oder Tarn-
funktionen. Sie bestehen ebenso
wie unsere Haare und Nägel aus
Keratin. Die sichtbaren Konturfedern bilden den Umriss des Vogels
und bestimmen dessen äußere
Erscheinung. Außerdem schützen
sie die bei den meisten Vogelarten
darunter als Isolationsschicht liegenden Unterfedern, auch Daunen
oder Dunenfedern genannt, vor
Nässe. Konturfedern sind je nach
Federtyp von unterschiedlicher
Form und Größe: Körperfedern sind
die deckenden Federn am Körper
des Vogels, wohingegen die deckenden Federn am Flügel und Schwanz
schlicht Deckfedern genannt werden. Die Tragfläche des Flügels wird
aus den Schwungfedern, weiter un-
terteilt in Handschwingen und Arm-
schwingen, gebildet. Die Federn des
Schwanzes heißen Steuerfedern. Es
gibt einige Federtypen mit sehr spe-
zifischen Funktionen. So haben die
meisten Eulenarten an der Vorder-
kante der Flugfedern kammförmige
Fortsätze, die die Luft so verwir-
beln, dass keine lauten Luftgeräu-
sche entstehen. Neben weiteren
Anpassungen ermöglichen diese
speziellen Federn den lautlosen
Flug der nächtlichen Jäger.

Sperber mit Buntspecht

38 WER WAR DER TÄTER?

Gelegentlich können Sie am
Boden verstreute Federn und andere
Nahrungsreste von Vögeln finden,
die Raubtiere, Greifvögel oder Eulen
nach ihrer Mahlzeit an Ort und Stelle
hinterlassen haben. Ob ein Vogel oder
ein Säugetier am Werk war, ist leicht
zu bestimmen: Sind die Federspulen,
d. h. der untere Teil des Federkieles,
intakt, hat ein Greifvogel seiner Beute
vor dem Verzehr die Federn heraus-
gezogen. Es handelt sich um eine
Rupfung. Rupfungen sind in der Regel
so charakteristisch, dass sie bestimmten Greifvogelarten zugeordnet werden können. Dagegen beißen Raub-
säuger die Federn ab. In diesem Fall
wird von einem Riss gesprochen.

B S T

AUFBRUCH-STIMMUNG

Früchte und Beeren, Nüsse und Samen – der Herbst ist Erntezeit. Jetzt gilt es, Vorräte zu sammeln und zu horten oder sich ein Fettpolster für die Reise in das Winterquartier anzulegen. Die meisten Jungvögel sind flügge. Singende Vögel sind nur noch vereinzelt und vorwiegend in den frühen Morgenstunden zu hören, mit Ausnahme der Eulen: Werden Sie Zeuge der Herbstbalz im nächtlichen Wald. Lauschen Sie in sternklaren Nächten den durchziehenden Kleinvögeln und beobachten Sie den Formationsflug der Gänse und Kraniche.

39 DER VOGELFREUNDLICHE GARTEN IM HERBST

Der Herbst ist geprägt von der Vorbereitung auf den nahenden Winter, die nahrungsknappe Jahreszeit. Viele Tiere wie auch der Eichelhäher sammeln jetzt Vorräte für den Winter. Er kann jetzt regelmäßig in Gärten beobachtet werden. Dort sucht er Haselnüsse, um diese für den Winter zu horten. Zugvögel fressen sich vor

dem kräftezehrenden Flug in die Winterquartiere eine dicke Fettschicht an und auch die heimischen Standvögel reichern ihre Energiereserven an, um für die kalte Jahreszeit gewappnet zu sein. Lassen Sie daher verblühte Stauden stehen. Die Samen sind eine wichtige Nahrungsquelle. Zusätzlich können Sie einige Beeren und Samen ernten, um sie als Winterfutter einzulagern. Der Herbst ist außerdem Pflanzzeit. Ideal, um einheimische Beerensträucher im Garten anzusiedeln. Laub und Altholz lassen Sie am besten liegen. Viele Tiere überwintern unter der wärmenden Laubschicht und im Frühjahr finden Bodenbrüter wie der Zaunkönig oder der Fitis einen geschützten Platz für ihr Nest.

40 HEIMISCHE OBST- UND BEERENGEHÖLZE

Das schützende Dickicht frei stehender Hecken und Gebüsche ist ein wichtiger Lebensraum für zahlreiche Vogelarten. Insbesondere Dornensträucher sind gefragt. Sie bieten Nestern und Jungvögeln einen wirksamen Schutz vor Feinden. Die Früchte heimischer Sträucher sind darüber hinaus im Herbst und Winter eine wichtige und beliebte Nahrungsquelle. Zum Trocknen, Einlagern und späterem Verfüttern empfehlen sich

insbesondere die Beeren von: Berberitze, Eberesche, Efeu, Hartriegel, Heckenrose, Holunder, Kornelkirsche, Liguster, Pfaffenhütchen, Sanddorn, Schneeball, Schlehe, Weißdorn. Je nach Gartengröße und Standort eignen sich folgende heimische Gewächse als Hecke aus verschiedenen Arten oder einzeln gesetzt. Einige Arten tragen für Menschen giftige Früchte, achten Sie auf die Kennzeichnung »giftig«.

Bis fünf Meter Wuchshöhe:

BLUTROTER HARTRIEGEL weiße Blüten, schwarz-violette Früchte; bildet Ausläufer

BROMBEERE Dornen, weiße Blüten, schwarze Früchte; bildet Ausläufer

EUROPÄISCHES PFAFFENHÜTCHEN grünlich weiße Blüten, rote Früchte; giftig

FAULBAUM grünlich weiße Blüten, schwarze Früchte; giftig

GEWÖHNLICHE BERBERITZE Dornen, gelbe Blüten, rote Früchte; schwach giftig

GEWÖHNLICHER SCHNEEBALL weiße Blüten, rote Früchte; bildet Ausläufer

KORNELKISCHE gelbe Blüten, rote Früchte

LIGUSTER weiße Blüten, schwarze Früchte; bildet Ausläufer; giftig

ROTE HECKENKIRSCHE gelblich weiße Blüten, rote Früchte; giftig

ROTER HOLUNDER grünlich gelbe Blüten, rote Früchte; giftig

SCHLEHE Dornen, weiße Blüten, schwarze Früchte; bildet Ausläufer

WILDROSEN Dornen, weiße bis rosa Blüten, rote Früchte; bildet Ausläufer

WOLLIGER SCHNEEBALL weiße Blüten, rote bis schwarze Früchte; giftig

Bis 15 Meter Wuchshöhe:

EBERESCHE weiße Blüten, orangefarbene Früchte; schwach giftig

GEWÖHNLICHE TRAUBENKIRSCHE weiße Blüten, schwarze Früchte; bildet Ausläufer; schwach giftig

KIRSCHPFLAUME Dornen, weiße Blüten, gelbe oder rote Früchte

PURGIER-KREUZDORN Dornen, gelbgrüne Blüten, schwarze Früchte; bildet Ausläufer; giftig

SANDDORN gelbgrüne Blüten, orangefarbene Früchte; bildet Ausläufer

SCHWARZER HOLUNDER gelblich weiße Blüten, schwarz-violette Früchte; schwach giftig

WEISSDORN Dornen, weiße oder rosa Blüten, dunkelrote Früchte

WILDAPFEL Dornen, weiße bis rosa Blüten, grünlich gelbe Früchte

TROCKENBEEREN UND LAGERÄPFEL

Früchte sind auch bei Vögeln äußerst beliebt. Sammeln Sie im Herbst reife Beeren. Diese lassen sich sehr gut auf der Heizung oder einem Ofen trocknen und sind eine wertvolle Ergänzung zum Körnerfutter (siehe Tipp S. 57). Viele Apfelsorten sind bis zum Frühjahr lagerfähig und können dann den ganzen Winter über je nach Bedarf halbiert auf Äste gesteckt oder am Boden des Futterplatzes ausgelegt werden.

41 LAUTER DROSSELN

Jeder kennt die schwarzen (1) Amselmännchen mit ihrem kräftig gelben Schnabel, auch dass die Weibchen dunkelbraun sind, ist den meisten bekannt. Doch es gibt noch einige weitere heimische Drosselarten, die manchmal gar nicht so leicht voneinander zu unterscheiden sind. Da gilt es, genau hinzuschauen. (2) Singdrosseln sind auf der Oberseite warm braun gefärbt. Ihre Brust ist auf hellem Grund dunkelbraun gefleckt. Im Flug kann man die gelblich braunen Unterflügel sehen.

Dagegen sind die Unterflügel der ansonsten vergleichbar gefärbten (3) Misteldrossel weiß. Die Oberseite unserer größten Drossel ist graubraun und die Flecken auf der Brust sind rundlich statt pfeilförmig. Blaugrauer Kopf und Bürzel, rotbrauner Rücken, knallgelber Schnabel und eine stark gefleckte Vorderseite: (4) Wacholderdrosseln sind bunt und einfach zu bestimmen. Als Wintergast und Durchzügler erscheint häufig die kleine (5) Rotdrossel mit ihren kennzeichnenden rostroten Flanken.

42 WAS IST EINE DROSSELSCHMIEDE?

Drosseln, insbesondere Singdrosseln, fressen mit Vorliebe Gehäuseschnecken. Da sie die Gehäuse weder mit ihrem Schnabel knacken noch die Schnecken als Ganzes schlucken können, zerstören die Vögel die Gehäuse zuvor auf einem scharfkantigen Stein, einem Felsen oder auch auf einem

43 TROCKENMAUERN VOLLER LEBEN

In vielen Gegenden prägen noch heute steinerne Mauern das Landschaftsbild. Aus den Steinen, die von den Feldern aufgelesen wurden, haben Menschen seit Jahrhunderten Trockenmauern zur Begrenzung, als Windschutz oder Hangsicherung gebaut. Dabei werden die Steine ohne Zugabe von Mörtel versetzt und mit einer Neigung von etwa zehn Prozent aufgeschichtet. Folglich sind die Mauern am Fuß breiter als oben. Da Wasser durch die mit diversen Hohlräumen versehenen Mauern sofort durchsickert und die Steine die Sonnenwärme speichern, entsteht dort ein warmes und trockenes Klima. Ein idealer Lebensraum für Käfer, Schnecken, Spinnen, Insekten, Kröten, Eidechsen, Schmetterlinge sowie spezialisierte Pflanzenarten. Eine Reihe heimischer Vogelarten wie Hausrotschwanz, Heckenbraunelle und Rotkehlchen

oder der seltene Wendehals finden sich ein, um in den Spalten und Ritzen nach Nahrung zu suchen. Möchten Sie eine Trockenmauer – vielleicht auch in Form einer Kräuterspirale – in Ihrem Garten errichten, sollten Sie vorzugsweise die vor Ort üblichen Feldsteine nutzen. Alternativ bieten sich Natursteine aus Steinbrüchen, Ziegelsteine oder Backsteine an.

passenden Mauerstück. Gewöhnlich suchen Drosseln in ihrem Revier immer wieder die gleiche Stelle auf, um Schneckengehäuse zu zerbrechen. Im Laufe der Zeit sammeln sich daher an diesen sogenannten Drosselschmieden oder Schneckenschmieden eine Vielzahl zertrümmerter Schalen an. Bieten Sie Drosseln an exponierter Stelle in Ihrem Garten einen entsprechend geeigneten Stein an.

LESESTEINHAUFEN

Kein Platz für eine Trockenmauer? Für kleine Gärten eignet sich alternativ ein Lesesteinhaufen. Sammeln Sie einige ortstypische Feldsteine und stapeln diese an einem sonnigen und windgeschützten Platz zu einem Haufen. Idealerweise lassen Sie um den Steinhaufen herum einen Saum von Wildkräutern wachsen.

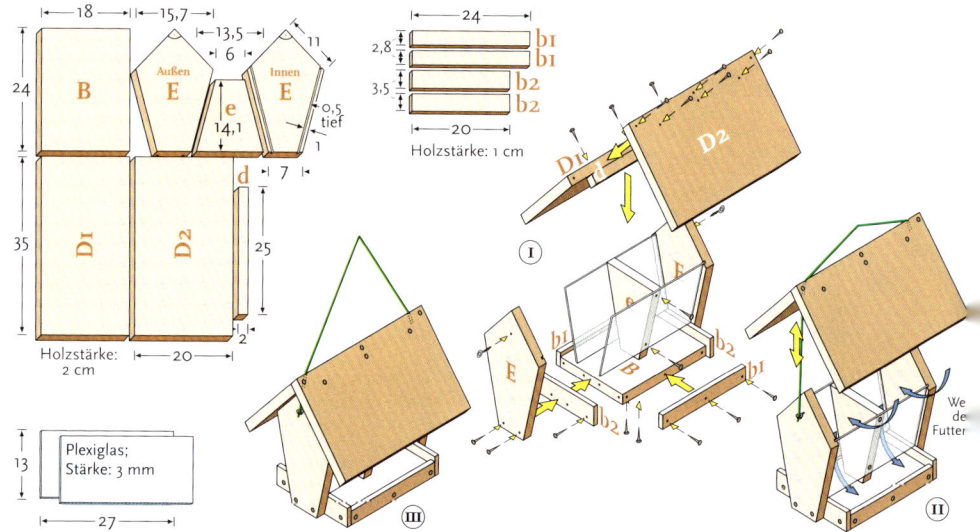

FUTTERHÄUSCHEN SELBST GEBAUT

44

Sie benötigen:

(genaue Abmessungen und Anzahl
siehe Bauanleitungszeichnung):

→ 2 cm starke Fichten-, Tannen-
  oder Kiefernholzbretter
→ 1 cm starke Holzleiste
→ 0,3 cm starkes Plexiglas
→ ca. 40 Holzschrauben
·→ 2 Ösenschrauben mit Holzgewinde
→ 2 Scharniere (optional)
→ Draht zum Aufhängen

So geht's:

Sägen Sie die Einzelteile zu oder
lassen Sie sich diese im Bau- oder
Holzfachmarkt zusägen. Schrauben
Sie die Bodenplatte **B**, die seitlichen
Leisten **b1** und **b2**, die Seitenwände **E**,
die Zwischenwand **e** sowie die beiden
Plexiglasscheiben wie abgebildet
zusammen. Achten Sie darauf, dass
der untere Abstand der Plexiglasscheiben zur Bodenplatte etwa 2 cm
beträgt, damit die Körner später gut
nachrutschen können. Setzen Sie die
Dachplatten **D1** und **D2** zusammen
und führen Sie vor dem endgültigen
Verschrauben einen Draht rechts und
links zwischen die Verbindungsstelle
ein (siehe Abbildung). Befestigen Sie
die beiden Ösenschrauben an den
Seitenwänden **E**. Die Drahtenden
werden mit den Ösenschrauben
verbunden. Zum Nachfüllen des Fut-
ters wird das Dach am Draht hoch-
geschoben. Alternativ können Sie die
Dachplatte **D1** auch an den Seitenwänden befestigen und die Dachplatte **D2** zum Öffnen mit Scharnieren
versehen.

SONNENBLUMEN-KERNE …

… sind wahre Energielieferanten. Es gibt sie in Schwarz-Weiß gestreift und in Reinschwarz. Manche Vögel bevorzugen die schwarze Sorte, da sich deren weichere Schalen leichter öffnen lassen. Sie können auch geschälte Sonnenblumenkerne anbieten. Diese sollten stets frisch sein, da sie ihre Nährstoffe schneller verlieren – allerdings produzieren sie auch weniger Abfall am Futterplatz.

Kohlmeise

45 BEOBACHTUNGEN AN SONNENBLUMEN

Die reifen Samen der Sonnenblumen ziehen vor allem Stieglitze, Erlenzeisige und Grünfinken, doch auch Buchfinken, Bluthänflinge, Haus- und Feldsperlinge sowie Kohl- und Blaumeisen an. Eine ausgezeichnete Gelegenheit, die verschiedenen Arten zu beobachten oder sich für ein gelungenes Foto auf die Lauer zu legen. Bereits die halbreifen Samen werden, nachdem diese zuvor mit dem Schnabel zerdrückt wurden, verzehrt. Reife Samen dagegen müssen zunächst von ihrer harten Hülse befreit werden. Dafür nehmen die Vögel ihre Füße zu Hilfe. Der Stieglitz kann auch kopfüber und mit dem Rücken nach unten hängend Samen aus Sonnenblumendolden herauspicken.

46 VOGELSTRÄUSSE

Sammeln Sie im Herbst samentragende Stauden und Kräuter wie Sonnenblumen, verschiedene Disteln, Beifuß, Hirtentäschelkraut, Fenchel, Kornblumen, Knöterich und Sauerampfer. Binden Sie kleine Sträuße und hängen diese kopfüber an einem dunklen und kühlen Ort zum Trocknen auf. Die so getrockneten Sträuße können Sie einlagern und im Winterhalbjahr nach Bedarf im Garten aufhängen. Ein willkommener Leckerbissen für Stieglitze, Grünfinken und weitere Körnerfresser.

47 VOGELZUG IN KEILFORMATION – GÄNSE ODER KRANICHE?

Jedes Jahr im Frühling und im Herbst beeindrucken die riesigen Schwärme ziehender Kraniche (oben) und Gänse. Beide fliegen in lang gezogenen V- oder 1-Formationen. Um Energie zu sparen, nutzen sie den Windschatten des Vordervogels. Die Vögel wechseln sich regelmäßig an der Spitze ab. Sind es Kraniche oder Gänse? Kraniche schlagen seltener mit den Flügeln und segeln häufiger. Immer wieder nutzen sie die Thermik und schrauben sich durch aufsteigende Winde kreisförmig nach oben. Dieses Verhalten zeigen Gänse nicht. Außerdem sind Kraniche deutlich größer als Gänse mit einem längeren Hals und längeren Flügeln. Ihre Füße überragen den Schwanz deutlich. Die

NÄCHTLICHER VOGELZUG

Die lauten Rufe ziehender Kraniche und Gänse sind unüberhörbar – doch auch unsere Singvögel ziehen überwiegend nachts. Sie orientieren sich mithilfe eines inneren Kompasses an den Sternen, am Erdmagnetfeld oder an einer Kombination aus beiden. Zu den Zugzeiten können Sie in stillen und sternklaren Nächten dem nächtlichen Vogelzug lauschen. Immer wieder sind die Kontaktrufe der ziehenden Vögel zu hören.

Graugans

langen Federn an den Flügelenden werden häufig deutlich gespreizt. Ein weiteres Unterscheidungsmerkmal ist die Stimme: Kraniche trompeten laut »krrrü«, während Gänse je nach Art zwar unterschiedlich rufen, jedoch allesamt eher schnattern, quaken oder quieken.

48 WILDVOGEL MIT RING GEFUNDEN – WAS NUN?

Auf den bei der Beringung von Wildvögeln verwendeten Metallringen sind sowohl eine Nummer als auch der Name der Beringungszentrale verzeichnet. Diese Daten können Sie entweder auf der Internetseite der europäischen Koordinationsstelle für Vogelberingung EURING: www.ring.ac eingeben oder direkt an die auf dem Ring verzeichnete Vogelwarte senden. Wichtig ist zudem die Information, wo und wann Sie den Ring gefunden oder abgelesen haben und ob es sich um ein bereits totes Tier handelte. Falls bekannt geben Sie bitte auch die Vogelart sowie das Alter und Geschlecht an. Neben Metallringen werden Ringe in verschiedenen Farben und Farbkombinationen, sowohl mit Nummern und Buchstaben als auch blanko, verwendet. Geben Sie in diesem Fall die genaue Anordnung der Ringe an.

49 VOGELWARTEN

Vogelwarten beschäftigen sich auf wissenschaftlicher Basis mit der Vogelzugforschung. Sie sind überregional tätig und für die Beringung von Vögeln zuständig. Alle Daten von Ringablesungen werden ausgewertet, um Aufschluss über die Zugwege und das Zugverhalten, die Ansiedlungsmuster und Ortstreue sowie die Lebenserwartung von Vögeln zu erhalten. Des Weiteren fungieren Vogelwarten als Ansprechpartner in allen Fragen rund um die Ornithologie.

IN DEUTSCHLAND gibt es die Vogelwarte Radolfzell: www.orn.mpg.de, daneben die Vogelwarte Helgoland: www.ifv-vogelwarte.de und die Vogelwarte Hiddensee: www.beringungszentrale-hiddensee.de.

DIE SCHWEIZERISCHE VOGELWARTE Sempach wurde als Beringungszentrale zur Erforschung des Vogelzugs im Alpenraum ins Leben gerufen: www.vogelwarte.ch.

ÖSTERREICH hat seit Beginn des Jahres 2016 ebenfalls eine eigene Vogelwarte, deren Hauptsitz in Wien ist.

Feldlerche

50 FARBBERINGTE AMSELN AUF HELGOLAND

Bei einem Besuch der Hochseeinsel Helgoland stolpern Sie früher oder später über die zahlreichen farbberingten Amseln. Sie brüten erst seit 1983 auf Helgoland. Da es sich aus evolutionsbiologischer Sicht noch um eine sehr junge Ansiedlung und darüber hinaus eine vom Festland isolierte Gruppe handelt, sind die Helgoländer Amseln ein interessantes Forschungsobjekt. Mittels der Farbberingung erforschen die Wissenschaftler die Brutbiologie und das Zugverhalten der auf Helgoland ansässigen Amseln. Diese Untersuchungen haben gezeigt, dass sich die Inselpopulation klar gegenüber vergleichbaren Festlandspopulationen abgrenzen lässt und nur wenige der jährlich durchziehenden Amseln dort stranden und sich den lokalen Brutvögeln anschließen. Die meisten Inselamseln sind vermutlich Standvögel und verbleiben das ganze Jahr uber auf ihrer Insel.

51 HERBSTBALZ DER EULEN

Mit dem Balzgesang im späten Winter und zeitigen Frühjahr werben die Männchen um ein Weibchen und markieren ihr Territorium. Da der Zeitraum bis zum Flüggewerden der Jungen bei Eulen sehr lange dauert, beginnen die meisten Eulen bereits im März zu brüten, der Waldkauz sogar schon im Februar. Einige Fulenarten wie der Waldkauz, der Raufußkauz, der Sperlingskauz sowie der Uhu beginnen bereits von September bis November, mit der sogenannten Herbstbalz ihre Reviere zu besetzen und abzugrenzen. Spätestens jetzt lösen sich die Familienverbände auf und die inzwischen selbstständigen jungen Eulen suchen sich eigene Reviere.

Von besonderem Reiz für Forscher: Amseln auf Helgoland.

STANDVOGEL – TEILZIEHER – ZUGVOGEL

Standvögel wie **1** Kleiber oder Gartenbaumläufer verbleiben das ganze Jahr im Brutgebiet. Die meisten Arten in Mitteleuropa sind jedoch Teilzieher. Sie überwintern teilweise im Brutgebiet, ein anderer Teil zieht je nach Nahrungsangebot gen Süden. Rotkehlchen und **2** Buchfink sind typische Beispiele. Mauersegler und **3** Nachtigall gehören zu den reinen Zugvögeln, die im Herbst in südliche Regionen abziehen und erst im Frühjahr zurückkehren.

52 HERBSTPUTZ

Zum Ende des Sommers, wenn auch der letzte flügge Jungvogel sein Nest verlassen hat und noch keine Insekten oder kleine Säugetiere als Überwinterungsgäste eingezogen sind, ist der ideale Zeitpunkt, die Nistkästen in Ihrem Garten zu reinigen. Mit den Nestern entfernen Sie auch die darin lebenden Parasiten wie Vogelflöhe, Milben und Zecken. Da zudem viele Kleinvögel die Kästen auch nach der Brutzeit vor allem in kalten Winternächten zum Übernachten nutzen, sorgen Sie so dafür, dass sowohl diese und andere Nachmieter als auch die kommende Brut im nächsten Jahr nicht übermäßig von den kleinen Quälgeistern befallen wird. Es reicht, das alte Nest zu entfernen und den Kasten einmal gründlich auszufegen. Gegebenenfalls können Sie ihn mit klarem Wasser ausspülen und

hinterher gut trocknen lassen. Falls Sie die Säuberung der Kästen im Herbst versäumt haben, können Sie diese auch kurz vor der neuen Brutsaison herrichten. Passen Sie den geeigneten Moment gut ab, denn einige Vogelarten beginnen bereits sehr früh mit dem Brutgeschäft.

W I N

T E R

STILLE IST EINGEKEHRT

Viele Vogelarten sind in wärmere Gefilde abgewandert, doch einige trotzen der Kälte und überwintern bei uns. Meisen und Finken haben sich zu gemischten Schwärmen vereinigt, gehen zusammen auf Futtersuche und bilden Schlafgemeinschaften. Andere kommen als Gäste aus dem Norden und verbringen den Winter bei uns. Wie schützen sich Vögel vor der Kälte, warum frieren Enten auf dem Eis nicht fest, was ist wichtig bei der Winterfütterung und wie viele Arten entdecken Sie bei der Stunde der Wintervögel in Ihrem Garten?

Schwanzmeisen

53 DER VOGELFREUNDLICHE GARTEN IM WINTER

Die Gartenarbeit ruht. Viel ist jetzt nicht mehr zu tun. Zeit, um aus dem wärmenden Inneren des Hauses heraus die Gartenvögel am Futterhaus oder in den angrenzenden Büschen und Bäumen in Ruhe zu studieren. Viele Vogelarten sind jetzt besonders zutraulich und in den laubfreien Büschen und Bäumen leichter zu beobachten. Meisen schließen sich in sogenannten Meisenschulen zusammen und erscheinen regelmäßig am Futterplatz. Eine gute Gelegenheit, um die verschiedenen Arten besser kennenzulernen. Mit einfachen Mitteln lässt sich ein Futterspender für Trockenfutter anfertigen. Sie können auch Ihre eigene Körnermischung zusammenstellen sowie Fettfutter für Meisen zubereiten und es dann in die verschiedensten Formen füllen. Kinder haben daran meist großen Spaß – sowohl bei der Herstellung als auch beim Gestalten eines Weihnachtsbaumes für Vögel mit dem selbst gemachten Fettfutter in weihnachtlichen Formen, mit Obst, Nüssen oder anderen Leckereien. Denken Sie auch im Winter daran, die Wasserstellen regelmäßig zu säubern und täglich mit frischem Wasser zu befüllen.

WINTERFÜTTERUNG – WAS IST WICHTIG?

54 Geeignet für die Winterfütterung sind verschiedene Sämereien, Getreidekörner, auch in Form von Haferflocken oder Weizenkleie, zerkleinerte Nüsse, allenfalls Erdnüsse können auch im Ganzen gereicht werden, Früchte wie Äpfel, Birnen oder Beeren gerne auch getrocknet. Für Weichfutterfresser bieten sich außerdem getrocknete Insekten an. Besonders Fettfutter, ob in Form der im Handel erhältlichen Meisenknödel oder selbst als individuelle Mischung hergestellt, liefert viel Energie und gehört zu den wichtigsten Futtermitteln. Gesalzene und gewürzte Speisen sind grundsätzlich ungeeignet. Achten Sie darauf, dass das Futter stets frisch und trocken ist. Die Futterstelle sollte daher überdacht sein. Gerade bei offenen Futterhäuschen oder Futterstellen am Boden besteht schnell

Blaumeise

SCHNABEL-GERECHT

Je abwechslungsreicher die Winterfütterung, desto größer die Artenvielfalt, denn je nach Schnabelform sind Vögel auf unterschiedliche Nahrung spezialisiert. Insektenfresser wie das Rotkehlchen oder die Heckenbraunelle mit ihren feinen spitzen Schnäbeln fressen bevorzugt das Weichfutter und feine Sämereien. Körnerfresser wie Finken und Spatzen können mit ihren dicken kräftigen Schnäbeln Nüsse und größere Samen eigenständig knacken.

Kernbeißer

die Gefahr der Verunreinigung durch Kot. Hier ist eine regelmäßige Reinigung notwendig. Denken Sie daran, Futterplätze katzensicher anzulegen, am besten mit freier Sicht in einiger Entfernung von Büschen und Hecken.

55 FETTFUTTER HERSTELLEN

Fettfutter herzustellen ist einfach und macht schon kleinen Kindern große Freude. Sie können die Mischung individuell gestalten und selbst gesammelte Beeren, Nüsse, Bucheckern und verschiedene weitere Sämereien beimengen. Weichfresser wie das Rotkehlchen bevorzugen Haferflocken, Beeren und Insekten. Für Meisen, Buchfinken und weitere Körnerfresser vermengen Sie gehackte Nüsse, Sonnenblumenkerne und weitere Sämereien. Schmelzen Sie Rindertalg oder ungehärtetes Kokosfett und geben Sie zwei bis drei Esslöffel Speiseöl pro 500 g Fett dazu. Mischen Sie etwa die doppelte Menge Weizenkleie, Sonnenblumenkerne sowie nach Belieben weitere Sämereien, gehackte Nüsse und getrocknete Beeren unter. Nachdem sich die Masse etwas abgekühlt hat und zähflüssig ist, können Sie diese in verschiedene Gefäße füllen. Ob leere Kokosnussschalen, Tannenzapfen, Ausstechformen oder ausgehöhlte Astscheiben – der Fantasie sind keine Grenzen gesetzt.

56 PLASTIKFLASCHEN-FUTTERSPENDER SELBST GEBAUT

Benötigtes Material:
→ Bodenbrett aus Fichten-, Tannen- oder Kiefernholz, ca. 20 × 20 × 2 cm
→ Plastikflasche mit Deckel, 8 cm ø, 18 cm hoch, sauber und trocken
→ 6 Äste, ca. 17 cm lang
·› Bast, 320 cm lang
→ Tontopf, 13 cm ø
→ 4 Holzperlen, 1 cm ø
→ Deckfarben, verschiedene wasserfeste Farben
→ Holzleim, wasserfest

Bohren Sie etwa 2 cm vom Rand entfernt in alle vier Ecken des Bodenbrettes ein Loch. Schneiden Sie kurz über dem Boden der Plastikflasche vier bis fünf Löcher im Durchmesser von 2 – 2,5 cm und leimen Sie die Flasche danach in der Mitte des Bodenbretts fest. Gestalten Sie den Tontopf mit wasserfesten Farben. Nachdem alles getrocknet ist, stülpen Sie den Tontopf über den Flaschenhals. Teilen Sie den Bast in vier gleich lange Schnüre und verknoten Sie jeweils ein Ende mit je einer Holzkugel. Fädeln Sie dann die

**VOGELFUTTER
SELBST GESAMMELT**

Nutzen Sie einen Spaziergang im
Herbst, um natürliches Vogelfutter zu
sammeln und Ihre eigene Futtermischung
als Wintervorrat anzulegen. Geeignet
sind Walnüsse, Haselnüsse, Bucheckern
und Sonnenblumenkerne, die Körner
verschiedener Getreidesorten, Samen von
Gräsern und Wildkräutern wie Kletten,
Disteln oder Löwenzahn sowie
reife Beeren und Äpfel
(siehe Tipp S. 44/45).

anderen Enden der Schnüre durch
jeweils ein Loch im Bodenbrett und
an der Plastikflasche vorbei durch
das Loch im Tontopf. Verknoten Sie
die zusammengefassten Enden.
Leimen Sie die Äste als Anflugstelle
rings um das Bodenbrett. Füllen Sie
abschließend Körnerfutter in die
Flasche und verschließen Sie diese
mit dem Deckel. Achten Sie darauf,
dass sowohl die Flasche als auch
das Futter trocken sind und die Flasche gut mit dem Deckel verschlos-
sen ist, damit es nicht schimmelt.
Hängen Sie den Futterspender
katzensicher an der Schnur auf.

57 WEIHNACHTSBAUM FÜR VÖGEL

Gartenkunst und Winterfütterung
einmal anders – warum nicht einen
Baum oder Strauch mit verschiedenen
Leckereien weihnachtlich gestalten?
Das sieht nicht nur ansprechend aus,
sondern lockt noch dazu zahlreiche
Vögel in Ihren Garten. Sehr zur Freude
von Groß und Klein. Füllen Sie Fettfutter in Ausstechformen für Kekse
und hängen Sie diese mit einem
farbigen Band auf. Über Äpfel, am
besten halb aufgeschnitten, und getrocknete Beeren freuen sich Amseln
und Wacholderdrosseln. Kolbenhirse
und Nüsse sind bei Körnerfressern
beliebt. Einige getrocknete Sonnenblumendolden und Disteln ergänzen
die nahrhafte Dekoration. So ist für
jeden Geschmack etwas dabei!

⑤⑨ WINTERGESANG

Die Brutzeit liegt noch fern und trotzdem beginnen die ersten Vögel bereits wieder zu singen. Sobald die Tage länger und wärmer werden, können Sie vor allem an klaren und sonnigen Tagen dem Gesang von Amseln, Rotkehlchen, Buchfinken oder Kohl- und Blaumeisen lauschen. Eine gute Gelegenheit, jetzt, wo die Zugvögel noch in ihrem Winterquartier sind, mit dem Erlernen der ersten Vogelstimmen zu beginnen. Mit ihrem Gesang wollen unsere heimischen Standvögel jedoch noch keine Weibchen anlocken, sondern zunächst ihr Revier gegen Artgenossen abgrenzen.

⑤⑧ MEISENSCHULE

Meist kündigen sie sich zuerst durch ihre jeweils arttypischen Kontaktrufe an: Meisen, die sich im Winterhalbjahr zu größeren Trupps aus verschiedenen Arten zusammengeschlossen haben, streifen scheinbar rastlos durch Büsche und Bäume. Solche gemischten Schwärme werden Meisenschulen genannt. Gemeinsam suchen die kleinen Vögel nach Nahrung und profitieren so voneinander, denn viele Augen sehen mehr. Dabei sind sie wenig scheu. Mit etwas Glück und Geduld können Sie aus nächster Nähe beobachten, wie geschickt und behände Blaumeisen, Schwanzmeisen & Co. durch das Geäst klettern und hüpfen, um versteckte Insekten und Spinnen aufzuspüren. So schnell wie sie gekommen sind, sind sie allerdings häufig auch schon wieder verschwunden – immer auf der Suche nach einer ergiebigen Futterquelle.

60 MEISEN IN PARKS UND GÄRTEN

Die kleine (1) Blaumeise mit ihrer blauen Kopfkappe und der knallgelben Unterseite sowie die schwarzköpfige (2) Kohlmeise mit ihren weißen Wangen und der ebenfalls gelben Unterseite kennt fast jeder, denn sie sind überall weit verbreitet und wenig scheu. Dank ihrer auffälligen schwarz-weiß melierten Federhaube ist die (3) Hauben-meise unverwechselbar. Sie lebt bevorzugt in Nadelwäldern oder Parks und größeren Gärten mit Nadelbäumen. Die kleine (4) Tannenmeise kann auf den ersten Blick mit der deutlich größeren Kohlmeise verwechselt werden. Aller-dings fehlen ihr die Gelbtöne im Gefieder. Sumpf- und Wei-denmeisen sehen sich äußerlich zum Verwechseln ähnlich. Ihre Grundfärbung ist braun mit weißlichen Wangen und schwarzer Kopfkappe. Die (5) Weidenmeise hat im Gegen-satz zur (6) Sumpfmeise ein helles Armschwingenfeld und einen größeren schwarzen Kinnfleck. Beide kommen auch in Parks und Gärten vor, an Futterstellen ist die Weidenmeise jedoch deutlich häufiger. Die zierlichen, rosa überhauchten (7) Schwanzmeisen wurden nach ihrem langen Schwanz benannt. Er eignet sich bestens zum Balancieren. Schwanz-meisen kommen in zwei Unterarten vor. Die mitteleuropäi-schen Brutvögel haben schwarze Scheitelseitenstreifen, der Kopf der bei uns überwinternden nordeuropäischen Schwanzmeisen ist dagegen weiß.

GESCHICKTE MEISEN

Sonnenblumenkerne sind auch bei Meisen sehr beliebt. Am Futterplatz können Sie beobachten, wie geschickt sie die länglichen Samen mit ihren Füßen festhalten und dann mit dem Schnabel öffnen, um an den nahrungsreichen Kern zu gelangen.

61 AUFGEPLUSTERT GEGEN KÄLTE

Kugelrund und putzig anzusehen: Bestimmt haben Sie in der kalten Jahreszeit schon einmal ein dick aufgeplustertes Rotkehlchen oder einen Hausspatz gesehen. Dabei spreizen die Vögel ihre deckenden Konturfedern vom Körper ab. So sammelt sich zwischen den unter den Deckfedern liegenden Daunenfedern Luft. Indem die Vögel ihr Gefieder aufplustern, umgeben sie sich also mit einem Luftpolster. Da Luft ein schlechter Wärmeleiter ist, hält dieses Luftpolster ihre Körpertemperatur zwischen 38° und 42° Celsius konstant.

Zudem sorgt ein spezielles Wärmeaustauschsystem dafür, dass die Vögel keine Wärme über ihre Füße verlieren (siehe Tipp 62). Außerdem können Vögel bei großer Kälte ihre Körpertemperatur künstlich absenken und in eine Art Starre verfallen. Dann sind der Stoffwechsel und somit der Energieverbrauch reduziert.

PRÄCHTIGE ENTEN

Genau umgekehrt –achten Sie auf das Gefieder der Enten im Winter. Diese tragen ihr Prachtkleid im Gegensatz zu unseren Singvögeln vom Herbst bis zum Frühling und sehen deshalb in dieser Jahreszeit am schönsten aus.

62 FRIEREN VÖGEL AUF DEM EIS FEST?

Häufig stehen Wasservögel im Winter regungslos auf dem Eis – allerdings nicht, weil sie festgefroren sind. Vielmehr sparen sie auf diese Weise wertvolle Energie.

Zwar sind ihre Füße weder behaart noch befiedert, doch gerade wegen der kalten Füße frieren die Vögel nicht fest. Dafür sorgt das sogenannte Gegenstromprinzip. Das Blut, das durch die Arterien in die

63 EIN VOGEL, DER IM WINTER BRÜTET

Sein Markenzeichen sind die überkreuzten Schnabelspitzen. Damit ist der Fichtenkreuzschnabel (Foto oben) darauf spezialisiert, die Samen aus Nadelholzzapfen herauszuholen. Fichtensamen sind seine Hauptnahrungsquelle. Während viele Vogelarten den Winter über wegen der Nahrungsknappheit in Richtung Süden wandern, beginnt er seine Brut, denn die Samen der Fichten reifen im Winterhalbjahr. Zwischen Dezember und Mai ziehen die Vögel ein bis zwei Jahresbruten auf. Sie brüten in kleinen Gruppen und verteidigen kein eigenes Revier. Die Männchen sind karminrot, die Weibchen gelbgrün gefärbt. Sie sind sehr unauffällig und schwierig zu beobachten, da sie sich häufig ganz oben in den Nadelbäumen aufhalten und nur sehr leise singen. Meist hört man lediglich die Rufe überfliegender Vögel. Nur äußerst selten erscheinen die etwa spatzengroßen Vögel auch am Futterhaus.

Füße fließt, gibt seine Wärme an das entgegengesetzt in Richtung Körper fließende Blut in den Venen ab. So erreichen die Füße beinahe die gleiche Temperatur wie die Umgebung. Durch die aufgenommene Wärme aus dem fußwärts fließenden Blut der Arterien muss nur wenig Energie aufgewandt werden, damit das körperwärts fließende Blut der Venen wieder die Körpertemperatur erreicht. Dieser Kreislauf funktioniert auch umgekehrt. Bei hohen Außentemperaturen können Vögel überschüssige Wärme über ihre Füße abgeben.

64 ÜBERWINTERNDE FINKENSCHWÄRME

Im Winterhalbjahr schließen sich verschiedene Finkenarten zu größeren Schwärmen zusammen. Zu den heimischen Buchfinken, Girlitzen, Stieglitzen, Bluthänflingen, Grünfinken, Birkenzeisigen und Erlenzeisigen stoßen die Wintergäste. Zum einen die nördlichen Brutvögel der gleichen Arten, zum anderen die in Nordeuropa und Sibirien brütenden Bergfinken und die in Skandinavien und auf den Britischen Inseln beheimateten Berghänflinge. Weitere Arten wie Goldammern sowie Haus- und Feldsperlinge sind oft mit den Finken zusammen unterwegs. Tagsüber suchen sie auf abgeernteten Feldern gemeinsam nach Nahrung, nachts übernachten sie auf Bäumen. Der Schwarm bietet sowohl Schutz vor Feinden als auch Wärme in kalten Nächten. In unregelmäßigen Abständen kommt es zu Masseneinflügen mit Hunderttausenden bis mehreren Millionen Vögeln, vor allem Bergfinken oder Erlenzeisigen. Das ohrenbetäubende Spektakel, wenn die riesigen Vogelwolken abends ihre Schlafplätze anfliegen, ist ein einzigartiges und besonders beeindruckendes Naturerlebnis. Wie ein Wasserfall rauscht das Gezwitscher der Vögel in den Ohren.

NORDISCHE WINTERGÄSTE

65 Seidenschwänze brüten in der Taiga Europas und Sibiriens. Die pfirsichfarbenen Vögel mit der auffälligen Federhaube und dem seidig glänzendem Gefieder ernähren sich hauptsächlich von Beeren und Früchten. Bei Nahrungsknappheit wandern sie im Herbst und Winter südwärts. Dann können Sie die unverwechselbaren Vögel mit etwas Glück auch hier bei uns in Gärten und Parks dabei beobachten, wie sie bevorzugt Ebereschen verspeisen.

Ab Mitte September zieht der Bergfink aus seinen nördlichen Brutgebieten nach West-, Mittel- und Südeuropa. Seine Hauptnahrungsquelle sind Bucheckern. Bergfinken bilden bei uns häufig größere Schwärme mit weiteren Finkenarten (siehe linke Seite). Das Männchen ist mit seinem im Schlichtkleid braunschwarz melierten Kopf, dem braunschwarz geschuppten Rücken, der orangefarbenen Schulter und Kehle sowie der weißen Unterseite recht farbenfroh und eindeutig gefärbt. Die Weibchen sind ähnlich gefärbt, allerdings ist das Orange eher bräunlich und die Kopfseiten sind braun ohne schwarze Musterung.

KLING, GLÖCKCHEN …

… Klingelingeling ertönt es vielerorts zu Weihnachten. Vielleicht war ja das feine Sirren der Seidenschwänze im Winter Anregung für dieses Weihnachtslied? Achten sie auf den Klang feiner Glöckchen, meist kündigen sich Seidenschwänze zuerst durch ihre hellen Rufe an und sind dann leicht in der nächstgelegenen Ebereesche oder an Beeren tragenden Büschen zu finden.

STUNDE DER WINTERVÖGEL

66 Eine Stunde lang alle Vögel zählen – diese Mitmachaktion des NABU gibt es nicht nur im Frühjahr (siehe S. 24), sondern auch im Winter. Anfang Januar werden deutschlandweit sowohl unsere heimischen Standvögel als auch die Wintergäste erfasst. Ob am Futterhäuschen, im Garten, auf dem Balkon, im Park, im Wald oder in der freien Landschaft, suchen Sie sich Ihren Lieblingsort und notieren Sie innerhalb einer Stunde alle beobachteten Vogelarten sowie deren Anzahl. Die Daten können per Post, Telefon oder online an den NABU gemeldet werden. Weitere Infos: www.stunde-der-wintervoegel.de

PORT

RÄTS

VOGEL-PORTRÄTS

Hier lernen Sie die 44 häufigsten Gartenvogelarten kennen, sortiert in drei Größenkategorien: 1. Vögel, die etwa so groß sind wie eine Blaumeise oder kleiner, 2. Vögel, die etwa so groß sind wie ein Spatz, und 3. Vögel, die etwa so groß sind wie eine Amsel oder größer. Innerhalb der Kategorie erfolgt die Reihenfolge sowohl nach Größe als auch nach Verwandtschaft. Viel Freude beim Bestimmen, Erkennen und Beobachten!

WINTERGOLDHÄHNCHEN *Regulus regulus*
8,5 – 9,5 cm, Kleinster der Kleinen

DAS WINZIGE Wintergoldhähnchen ist mit 4 – 8 g der kleinste Vogel Europas. Ständig in Bewegung hüpft es scheinbar rastlos von Ast zu Ast, hangelt sich kopfüber durchs Geäst oder rüttelt zwischen den Zweigen. Doch um seine Körperfunktionen aufrechtzuerhalten, muss es täglich Nahrung im Umfang seines eigenen Körpergewichtes aufnehmen. Da gilt es, jede Spinne, jedes kleine Insekt aufzuspüren und zu verspeisen. Das wenig scheue Wintergoldhähnchen ist dabei überwiegend in den Baumkronen unterwegs und fällt oft allein durch seine hohe Stimme auf.

ZAUNKÖNIG *Troglodytes troglodytes*
9 – 10,5 cm, lautstark und stimmgewaltig

Ein Haufen aus Zweigen und Ästen in einer ruhigen Gartenecke dient dem Zaunkönig als Brutplatz und Versteck.

LAUT UND SCHMETTERND erschallt sein Gesang – der winzige Zaunkönig ist dennoch oft nur schwer zu entdecken. Er lebt in Bodennähe. Wie eine Maus huscht er auf der Suche nach Insekten und Spinnen unauffällig durch das Unterholz. Der kurze Schwanz ist häufig gestelzt, bei Erregung wippt und zuckt der kleine Vogel aufgeregt mit dem ganzen Körper. Ist das Nahrungsangebot in ihrem Revier ausreichend, sind Zaunkönige mit mehreren Weibchen gleichzeitig verpaart. Das Männchen baut ein sogenanntes Backofennest: eine vollkommen geschlossene Kugel mit seitlicher Eingangsröhre.

FITIS *Phylloscopus trochilus*
11 – 12,5 cm, graugrün mit hellen Beinen

IM FRÜHJAHR hört man die
wehmütig flötende Melodie des
Fitis besonders häufig. Dann
legen die kleinen Laubsänger auf
dem Weg in die nördlichen Brutgebiete Rast in Mitteleuropa ein.
Die dortigen lichten Busch- und
Waldlandschaften sind sein Haupt-
verbreitungsgebiet. Doch auch
hierzulande ist die Zwillingsart des
Zilpzalps ein häufiger Brutvogel.
Äußerlich unterscheiden sich die
beiden kaum. Die etwas längeren
Flügel des Fitis kennzeichnen den
Langstreckenzieher. Er überwin-
tert südlich der Sahara. Außerdem
sind seine Beine im Gegensatz zum
Zilpzalp hell.

ZILPZALP *Phylloscopus collybita*
10 – 12 cm, singt den eigenen Namen

BLÜHENDE WEIDENKÄTZCHEN
ziehen im Frühling unzählige
Insekten an. Eine ergiebige Nahrungsquelle für den kleinen Insektenfresser, der daher auch Weiden-
laubsänger genannt wird. Weit
einprägsamer ist jedoch der Name,
den er aufgrund seines unverwechselbaren Gesanges erhielt: Deutlich und klar erklingt ab März das
monotone »Zilp-zalp«, manchmal
auch leicht abgewandelt »zilp-zilp-
zalp« oder ähnlich, aus Büschen
und Bäumen in Parks und Gärten
sowie aus lichten Waldgebieten
bis zur Baumgrenze. Der Zilpzalp
gehört zu unseren häufigsten und
verbreitetsten Brutvögeln.

TANNENMEISE *Periparus ater*
10 – 11,5 cm, unscheinbar und oft übersehen

MIT IHREN LANGEN ZEHEN
ist unsere kleinste Meise fähig, sich an Nadelbüschel oder Zapfen zu hängen und dabei Nahrung aufzunehmen. Ständig in Bewegung hüpft und fliegt sie von Ast zu Ast, um kleine Insekten und Spinnen zu erbeuten oder Samen zu sammeln. Tannenmeisen verraten ihre Anwesenheit gewöhnlich zuerst durch ihren hellen stereotypen Gesang, denn sie halten sich überwiegend im oberen Bereich der Nadelbäume auf und sind dort nur schwer auszumachen. Im Winter streifen sie oft mit anderen Meisen, Kleibern, Baumläufern und Goldhähnchen umher.

BLAUMEISE *Cyanistes caeruleus*
10,5 – 12 cm, blaues Käppchen und gelbe Unterseite

MIT DEM BLAUEN KÄPPCHEN
und ihrem leuchtend gelben Bauch ist die Blaumeise unverkennbar und den meisten wohlvertraut. Häufig kopfüber und bis in die äußersten Zweigspitzen turnt sie bei der Nahrungssuche geschickter als andere Meisen durch Büsche und Bäume. Blaumeisen sind Allesfresser. Mit ihrem kräftigen Schnabel sind sie in der Lage, Sonnenblumenkerne aufzubeißen und die in Knospen, Gallen, eingerollten Blättern oder Totholz verborgenen Insekten herauszuhacken. Im Winter versorgen sie sich auf diese Weise mit Insekten, die in Schilfhalmen verborgen sind.

ERLENZEISIG *Carduelis spinus*
11 – 12,5 cm, kontrastreich gefärbt mit gelber Flügelbinde

SOWOHL ZUR BRUTZEIT als auch im Winterhalbjahr sind Erlenzeisige sehr gesellig und meist in Schwärmen unterwegs. Die Wahl des Brutplatzes richtet sich nach dem aktuellen Nahrungsangebot der Fichtensamen – der Hauptnahrungsquelle zur Jungenaufzucht. Ihr kräftiger, spitzer Schnabel ist hervorragend geeignet, um die feinen Samen aus den Zapfen herauszulösen. Im Winter ersetzen Erlenzapfen die Sommernahrung. Dann erklingt regelmäßig das muntere Schwätzen der kleinen Finken, die bei der Nahrungssuche flink und behände durch das Geäst der Erlen turnen.

GIRLITZ *Serinus serinus*
11 – 12 cm, rasend schneller Gesang

GIRLITZE äußern verschiedene Rufe. Neben dem typischen Alarmruf bei Gefahr oder Aufregung gibt es diverse weitere Rufe für unterschiedliche Situationen, die mitunter auch in Gesangspausen eingeschoben werden. Der Stimmfühlungsruf »tirrilillit« oder »zirrirrilit« hat dem Girlitz zu seinem Namen verholfen. Aufgrund des sirrenden und schnell vorgetragenen Gesanges wird er auch »Glasschneider« genannt. Die winzigen Vögel können Sie regelmäßig an der Wasserstelle beim Baden und Trinken oder bei der Nahrungssuche an Samenständen von Gräsern und Kräutern beobachten.

Der Gesang des Girlitzes erinnert an klirrendes Glas oder einen quietschenden Kinderwagen.

MAUERSEGLER *Apus apus*
17 – 18,5 cm, ein Leben im Flug

MAUERSEGLER prägen den sommerlichen Himmel – in der freien Landschaft und über unseren Dörfern und Städten ertönen von Mai bis September die charakteristischen rauen und schrillen Rufe während ihrer Jagd nach fliegenden Insekten. Mit ihren langen, schmalen und sichelförmigen Flügeln sind sie perfekt an das Leben in der Luft angepasst. Nur das Brutgeschäft findet an Land statt. Ansonsten verbringen die rasanten Flieger ihr gesamtes Leben ununterbrochen im Flug: Fliegend schlafen sie und trinken von Wasseroberflächen. Sogar die Paarung findet in luftiger Höhe statt.

RAUCHSCHWALBE *Hirundo rustica*
17 – 21 cm, gewandter Insektenjäger

Das dunkle Brustband und der tief gegabelte Schwanz sind typische Merkmale der Rauchschwalbe.

»WO DIE SCHWALBE NISTET, da kein Unglück fristet.« Schwalben gelten seit jeher als Frühlingsboten und Glücksbringer. Mit ihrer Ankunft beginnt das Sommerhalbjahr. Die ursprünglichen Felsbrüter bauen schon seit Jahrhunderten ihre Nester in der Nähe menschlicher Siedlungen, im Inneren von Gebäuden, unter niedrigen Brücken und Torbögen sowie einst in den Rauchfängen über dem Herdfeuer – so entstand der Name. Früher glaubte man, sie würden im Schlamm vergraben überwintern, doch tatsächlich verbringen die eleganten Flieger die Wintermonate im südlichen Afrika.

MEHLSCHWALBE *Delichon urbicum*
13,5 – 15 cm, Koloniebrüter an Gebäuden

MEHLSCHWALBEN ernähren
sich von kleinen Fluginsekten. Bei
trockenem und warmem Wetter
sieht man sie hoch am Himmel,
häufig zusammen mit Mauerseg-
lern jagen. Bei Nässe und Kälte sind
sie dagegen dicht über dem Boden
oder über Wasserflächen unterwegs. Längere Schlechtwetter-
perioden, in denen keine Insekten
fliegen, überdauern die Vögel in
einer energiesparenden Starre. Die
aus feuchten Schlammklümpchen
zusammengesetzten Nester befestigen sie an Außenwänden von
Gebäuden. Anders als Rauschwal-
ben sind Mehlschwalben bis in die
Innenstädte verbreitet.

BACHSTELZE *Motacilla alba*
15,5 – 19 cm, langer Schwanz und wippender Gang

DER LANGE SCHWANZ, mit dem
sie fast ständig wippt, das schwarz-
grau-weiße Gefieder sowie der
trippelnde Gang und der wellenförmige Flug machen die Bachstelze
unverkennbar. Sie ernährt sich von
kleinen Fliegen und Mücken, die
oft gehäuft an Gewässern oder
feuchten Stellen auftreten – ein
Paradies für Bachstelzen. Doch
auch auf vegetationsfreien Flächen
in der offenen Landschaft oder im
besiedelten Bereich sind sie unterwegs und leicht zu beobachten.
Das Winterhalbjahr verbringen
Bachstelzen im Mittelmeergebiet.
Ab März kehren sie wieder in ihre
Brutgebiete zurück.

HECKENBRAUNELLE *Prunella modularis*
13 – 14,5 cm, »graue Maus«

SO WIE IHR AUSSEHEN ist auch ihre Lebensweise: Heckenbraunellen sind zwar weit verbreitet und in vielen Gebieten häufig, doch sie leben heimlich und unauffällig in dichten Gebüschen und Hecken. Würde nicht ihr lauter Gesang sie verraten, könnte man die »graue Maus« leicht übersehen, denn ihre Nahrung sucht sie fast ausschließlich am Boden. In leicht geduckter Haltung hüpft sie durch das Unterholz und sammelt kleine Insekten und Samen. Von Zeit zu Zeit erscheint der unscheinbare Vogel mit dem feinen Insektenfresserschnabel auch am winterlichen Futterplatz.

ROTKEHLCHEN *Erithacus rubecula*
12,5 – 14 cm, orangerote Brust, schwarze Knopfaugen

ROTKEHLCHEN gehören zu den häufigsten Brutvögeln und sind regelmäßig im Garten anzutreffen. Wenig scheu hüpfen sie mitunter in unmittelbarer Nähe der Menschen, um die bei der Gartenarbeit nach oben beförderten Bodentiere aufzupicken. Ihre wehmütige Melodie erklingt in der Morgen- und Abenddämmerung. Auf einem Ast sitzend wirbt das Männchen so um Weibchen oder zeigt sein Revier an. Letzteres wird bisweilen handfest verteidigt, denn untereinander sind die kleinen Vögel unverträglich und aggressiv. Im Streit kann es zu Kämpfen mit Verletzten oder sogar Toten kommen.

NACHTIGALL *Luscinia Megarhynchos*
15 – 16,5 cm, ausdauernder Sänger in den Abendstunden

DIE GESANGSDUELLE der Männchen erklingen vor allem nach Einbruch der Dämmerung und sind in der Stille der Nacht weithin hörbar. Bereits während des Heimzuges, doch mit voller Intensität erst nach der Ankunft im Brutgebiet singen die Vögel nächtelang, bis sie ein Weibchen angelockt haben. Danach ertönt ihr Gesang fast nur noch tagsüber zur Revierverteidigung. Nachtigallen leben heimlich in den niederen Bereichen unterholzreicher Gebüsche, Wälder und Parks, bevorzugt in Gewässernähe oder an feuchten Standorten, und sind im schattigen Buschwerk nur schwer zu finden.

HAUSROTSCHWANZ *Phoenicurus ochruros*
13 – 14,5 cm, schiefergrau mit rotem Schwanz

ALS TYPISCHER Kulturfolger eroberte der ursprünglich reine Bewohner der felsigen Bergwelt im Verlauf der letzten Jahrhunderte unsere Dörfer und Städte. Nischen in Gemäuern oder Balken unter Dachvorsprüngen ersetzen hier die natürlichen Brutplätze in Felsspalten. Doch auch in den Bergen ist der Hausrotschwanz weiterhin allgegenwärtig. In den Alpen brütet er bis in Höhen von 3 200 m. Mit Halbhöhlen-Nistkästen locken Sie ihn in Ihren Garten – beste Voraussetzungen, den wenig scheuen Vogel aus nächster Nähe bei der Nahrungssuche und Jungenaufzucht zu beobachten.

Noch vor Einbruch der Dämmerung eröffnet der Hausrotschwanz das morgendliche Vogelkonzert.

Weibchen

GELBSPÖTTER *Hippolais icterina*

12 – 13,5 cm, unablässiger Sänger mit lebhaftem Gesang

Gelbspötter gehören zu den besten Sängern. Achten Sie auf das immer wieder eingeflochtene »Tete-düi«.

LAUT ZWITSCHERND und flötend, mit eingebauten Imitationen verschiedenster Vogelarten – durch seinen lebhaften Gesang und auffällige Rufe verrät er sich. Leicht zu finden ist der gelbgrün gefärbte Gelbspötter dennoch nicht. Gut getarnt verbirgt er sich meist im Gebüsch, wo er Insekten von Zweigen und Blättern sammelt. Vom ähnlichen Fitis unterscheidet er sich durch den sichtbar größeren und kräftigeren Körperbau, den dickeren Schnabel sowie den nur vor dem Auge deutlichen Überaugenstreif. Die häufig gesträubten Scheitelfedern verleihen ihm zudem ein eckiges Kopfprofil.

MÖNCHSGRASMÜCKE *Sylvia atricapilla*

13,5 – 15 cm, Männchen mit schwarzer, Weibchen mit rotbrauner Kopfkappe

Weibchen

SCHWARZES KOPFKÄPPCHEN und graues Gefieder – wie ein kleiner Mönch kommt das Männchen unserer häufigsten Grasmücke daher. Während der Brutzeit ernähren sich Mönchsgrasmücken von Insekten, später ergänzen Beeren und kleine Früchte den Speiseplan. Bis in Höhen von 1 500 m sind sie in Wäldern, Feldgehölzen, Parks und Gärten weit verbreitet. Ihr Zugverhalten hat sich seit einigen Jahren verändert. Statt im Mittelmeerraum überwintern einige Vögel auf den Britischen Inseln, vermutlich eine Folge veränderter klimatischer Bedingungen und intensiver Winterfütterung.

KLAPPERGRASMÜCKE *Sylvia curruca*
11,5 – 13,5 cm, leiser Gesang mit lauten, klappernden Elementen

KLAPPERGRASMÜCKEN bewohnen halboffene Landschaften außerhalb geschlossener Wälder. Sie sind die häufigsten Grasmücken im Siedlungsbereich. Am auffälligsten ist ihr monotones, weithin hörbares Klappern, welches dem leisen zwitscherndem Gesang folgt und ihnen auch den Namen Müllerchen einbrachte – in Anlehnung an das Klappern des Mühlrades. Sie überwintern südlich der Sahara in Ostafrika und ziehen im Gegensatz zu den meisten mitteleuropäischen Zugvögeln nicht in südwestlicher Richtung ab, sondern erreichen ihr Winterquartier über das östliche Mittelmeer.

GRAUSCHNÄPPER *Muscicapa striata*
13,5 – 15 cm, mausgrauer Insektenjäger

DIE MAUSGRAUEN Grauschnäpper sind leicht zu entdecken: Mit Schwanz und Flügeln zuckend sitzen sie auf einer exponierten Warte und beobachten den Luftraum, um dann in mitunter wendigen Flugmanövern ein vorbeifliegendes Insekt zu schnappen. Mit der Beute im Schnabel kehren sie zum Ansitz zurück. Die meisten Tiere werden im Ganzen verspeist. Wespen und Bienen wird durch Schlagen auf eine harte Unterlage zunächst der Giftapparat entfernt. Im Herbst sammeln Grauschnäpper zunehmend Beeren. Unverdaute Chitinteile und Samen scheiden sie als kleine Speiballen aus.

SCHWANZMEISE *Aegithalos caudatus*
13 – 15 cm, auffallend langer Balancierschwanz

SCHWANZMEISEN kündigen sich mit schnurrenden Rufen an. Die sozialen Vögel streifen fast ganzjährig in kleinen Trupps umher und turnen auf der Suche nach Insekten geschickt bis in die äußersten Zweigenden. Der lange Schwanz dient dabei zum Balancieren. Nie verweilen sie lange an einer Stelle, in kurzer Zeit ist ein Busch abgesucht und die Vögel ziehen weiter. Während der Brutzeit sind die hübschen Vögel dagegen unauffällig, ihr leiser Gesang ist nur selten zu hören. Sie bauen sehr kunstvolle Nester aus weichen Materialien, die hervorragend wärmeisoliert sind.

KOHLMEISE *Parus major*
13,5 – 15 cm, schwarzer Kopf, weiße Wangen, gelber Bauch

DIE ANPASSUNGSFÄHIGEN

Kohlmeisen besiedeln Laubwälder sowie Parks, Friedhöfe und Hausgärten bis in die Innenstädte hinein. Im Kampf um die besten Nistplätze ist unsere größte und kräftigste Meise anderen Höhlenbrütern meist überlegen. Findig werden gelegentlich auch Briefkästen, alte Rohre oder Eimer zum Brüten umfunktioniert. Bei strahlendem Sonnenschein singen sie bereits im tiefsten Winter: Lauthals geben die Sänger ihr Bestes, um mit ihrem reichhaltigen Gesangsrepertoire das eigene Revier gegenüber Rivalen zu behaupten und den Weibchen zu imponieren.

KLEIBER *Sitta europaea*
12 – 14,5 cm, klettert kopfüber Baumstämme hinunter

KLEIBER BRÜTEN in Baumhöhlen, deren Eingangsloch sie entweder auf die passende Größe mit Lehm zukleben – daher der Name – oder mit kräftigen Schnabelhieben erweitern. So sind sie vor Konkurrenten sicher. Ein von Kleibern bewohnter Nistkasten lässt sich nach der Brutzeit nur mühevoll öffnen und säubern, da der Kleiber sämtliche Ritzen sorgfältig mit dem inzwischen steinhart gewordenen Lehm abgedichtet hat. Als einzige heimische Vogelart kann er Baumstämme kopfüber hinunterklettern. Ganzjährig vergräbt er Insekten und Samen in Baumritzen oder hortet sie in der Erde.

Am Futterhaus sammeln Kleiber bevorzugt Sonnenblumenkerne, die sie in einer Spalte einklemmen und öffnen.

GARTENBAUMLÄUFER *Certhia brachydactyla*
12 – 13,5 cm, hoher feiner Gesang

HERVORRAGEND GETARNT sind Gartenbaumläufer mit ihrem rindenfarbig gemusterten Gefieder. Sie bevorzugen große, alte Bäume mit rauer Borke, an der sie sich mit der verhältnismäßig kurzen Hinterkralle und den langen Vorderkrallen gut festhalten können. In leicht sprunghaften Bewegungen klettern sie spiralförmig nach oben und stochern dabei in Ritzen nach Insekten, Spinnen und anderen kleinen Tieren. Ihr Nest bauen sie in Spalten hinter abstehenden Rindenstückchen. Bei Kälte übernachten sie gerne gesellig und eng aneinandergekuschelt an geschützten Standorten.

HAUSSPERLING · HAUSSPATZ *Passer domesticus*
14 – 16 cm, Kolonie- und Höhlenbrüter

Weibchen

SPATZ ODER SPERLING? So wie Fritz zu Friedrich oder Heinz zu Heinrich ist Spatz die Koseform von Sperling. Der Allerweltsvogel ist bekannt wie kaum eine andere Art. Kein Wunder, denn er lebt und brütet in unmittelbarer Nähe des Menschen. Doch Spatzensuppe wäre heute keine alternative Speise für schlechte Zeiten mehr. So häufig wie einst sind die frechen Gesellen längst nicht mehr und so profitiert auch der allgegenwärtige Spatz von unserer Unterstützung in Form von Nistkästen. Hängen davon mehrere nebeneinander, können die geselligen Vögel sogar eine kleine Kolonie gründen.

FELDSPERLING · FELDSPATZ *Passer montanus*
12,5 – 14 cm, braune Kopfkappe, schwarzer Wangenfleck

DER DEUTSCHE NAME ist zutreffend. Feldspatzen leben in der mit Hecken durchsetzten offenen Landschaft, in Obst- und Gemüsegärten und an Waldrändern. In Dorfrandlagen brüten sie jedoch ebenfalls in Gärten. Da natürliche Baumhöhlen vielerorts fehlen, beziehen sie die dort vorhandenen Nistkästen. So wie der Hausspatz verteidigt auch dessen kleiner Verwandter kein eigenes Revier und bildet häufig größere Brutkolonien. Feldspatzen sind recht geschickte Flieger. Wie ein Hubschrauber können sie senkrecht nach oben fliegen und im Flug rüttelnd die Richtung um 180 Grad wechseln.

Im Garten können Sie Buchfinken vor allem außerhalb der Brutzeit bei der Nahrungssuche am Boden beobachten.

Weibchen

BUCHFINK *Fringilla coelebs*
14 – 16 cm, lauter typischer Ruf »fink«

EIN PAAR GRÖSSERE BÄUME
reichen aus – unser häufigster Brutvogel ist wenig wählerisch und überall vertreten. Ihren Gesang tragen die Männchen meist offen und gut sichtbar auf einem frei stehenden Ast sitzend vor. Aufgrund der stakkatoartig aneinandergereihten Töne und der schmetternden Vortragsweise wird dieser auch als »Finkenschlag« bezeichnet. Zur Brutzeit sind Buchfinken einzeln, paarweise oder im Familienverband unterwegs, nur zu den Zugzeiten treten sie in größeren, häufig gemischten Vogelschwärmen auf. Regelmäßig können Sie sie beim Baden an Pfützen oder Wasserstellen beobachten.

Männchen

BLUTHÄNFLING *Carduelis cannabina*
11,5 – 14 cm, grauer Kopf, rote Stirn, rote Brust

Weibchen

BLUTHÄNFLINGE sind Bewohner der offenen Landschaft. Sich selbst überlassene Randstreifen und Brachflächen oder Wildblumenwiesen im Garten – je »unaufgeräumter«, desto besser, denn sie ernähren sich fast ausschließlich von den Sämereien der so oft als Unkraut bekämpften heimischen Kräuter und Stauden. Unter solch günstigen Bedingungen können Sie die unscheinbaren Finken auch im Garten bei der Nahrungssuche antreffen. Im Winter sind sie meist in gemischten Finkentrupps unterwegs. Doch auch zur Brutzeit leben sie gesellig und verteidigen kein eigenes Nahrungsrevier.

STIEGLITZ · DISTELFINK *Carduelis carduelis*
12 – 13,5 cm, liebt Samen von Sonnenblumen und Disteln

Mit Sonnenblumen und Disteln locken Sie Stieglitze in Ihren Garten, die davon magisch angezogen werden.

»STIGELIT – STIGELIT« – nach diesem Ruf, durch den er auch seinen Gesang einleitet, wurde der Stieglitz benannt. Fast noch bekannter ist er unter dem Namen »Distelfink«, denn die feinen Samen der Disteln gehören zu seiner bevorzugten Nahrung. Geschickt klettern Stieglitze an den Stängeln von Wildkräutern empor, um an die sich herunterbiegenden Fruchtstände zu gelangen. Dünnere Halme umfassen die leichten Vögel zu mehreren, Sonnenblumen und andere kräftige Gewächse fliegen sie direkt an. Nachdem eine Pflanze gründlich abgesammelt wurde, wechseln sie zur nächsten.

GRÜNFINK *Carduelis chloris*
14 – 16 cm, grün mit gelber Flügelbinde

GRÜNFINKEN ernähren sich
vielseitig: Knospen, kleine Blüten
und Blättchen, Samen, Beeren
und Früchte sowie in geringem
Umfang Blattläuse und Larven zur
Jungenaufzucht. Selbst die harten
Bucheckern sind für ihren kräftigen Finkenschnabel kein Problem.
Am Futterhaus kann man schön
beobachten, wie sie die Samen von
Sonnenblumen geschickt mit dem
Schnabel öffnen und die Kerne mit
der Zunge herauspulen. Ihren tril-
lernden Gesang tragen sie im Sing-
flug oder aus hohen Bäumen vor.
Charakteristisch ist ein häufig zu
hörender, leicht nasal klingender,
quetschender Ruf.

GIMPEL · DOMPFAFF *Pyrrhula pyrrhula*
15,5 – 17,5 cm, kompakt und rundlich

DIE BEHÄBIGE GESTALT, die
an ein Gewand erinnernde rote
Färbung und die schwarze Kopfkappe erinnern an einen Domher-
ren. Daher wird der Gimpel auch
Dompfaff genannt. Mit seinem
kurzen, kräftigen Schnabel ist er
darauf spezialisiert, Blatt- und
Blütenknospen verschiedener
Bäume abzuwicken oder Schalen
zu knacken, um an die Samen zu
gelangen. Gimpeln ist der Gesang
nicht angeboren. Sie lernen ihn von
den Eltern. Pfeift man Jungvögeln
vor dem Ausfliegen regelmäßig eine
bestimmte Melodie vor, erlernen
sie diese anstelle des arteigenen
Gesangs.

Weibchen

STAR *Sturnus vulgaris*
19 – 22 cm, metallisch glänzend mit weißgelben Tupfern

AUF DEN ERSTEN BLICK
erinnert er an eine Amsel, doch der Star ist etwas kleiner, sein Schwanz deutlich kürzer und das schwarze Federkleid schimmert metallisch. Durch die Abnutzung der Federspitzen erscheint er ab dem Herbst kräftig weißgelb getupft. Stare leben sehr gesellig. Sie führen sich gegenseitig an ergiebige Nahrungsquellen. Außerhalb der Brutzeit bilden sie oft große Schlafgemeinschaften. Wie eine einzige schwarze Wolke fliegen die Vögel in der Dämmerung lärmend und in erstaunlich einheitlich koordinierten Flugformationen zu ihren Schlafplätzen.

AMSEL · SCHWARZDROSSEL *Turdus merula*
23,5 – 29 cm, Wurmjäger auf offenem Rasen

Die Amsel heißt aufgrund der schwarzen Färbung der Männchen auch Schwarzdrossel.

Weibchen

URSPRÜNGLICH war die Amsel ein reiner Waldvogel und auch heute noch bewohnt sie unterholzreiche Wälder, wo sie jedoch deutlich zurückhaltender lebt als in Dorf und Stadt. Seit dem 19. Jahrhundert drang sie in Siedlungen vor. Aufgrund ihrer Anpassungsfähigkeit ist sie mittlerweile einer der häufigsten europäischen Brutvögel. Sie nistet in kleinsten Gärten oder sogar in Balkonkästen inmitten der Innenstädte. Ihr wohlklingender Gesang beginnt lange vor Anbruch der Morgendämmerung sowie in den Abendstunden, weithin hörbar von hohen Warten aus vorgetragen.

SINGDROSSEL *Turdus philomelos*
20 – 22 cm, abwechslungsreicher, melodischer Gesang

BEREITS IM ZEITIGEN Frühjahr
erschallt laut und klar die schöne
Melodie der Singdrossel aus Wäldern, Parkanlagen und großen,
baumreichen Gärten. Kennzeichnend sind die zwei- bis viermaligen
Wiederholungen jedes Motivs,
wodurch sich der Gesang leicht
einprägen lässt. Die kleine Drossel
lebt heimlich und versteckt, bestens getarnt mit ihrem braun gemusterten Federkleid. Unauffällig
huscht sie durch das Unterholz
und wühlt im Laub nach Essbarem.
Am liebsten frisst sie Schnecken
und Würmer, doch auch Insekten,
diverse Beeren und Wildfrüchte
stehen auf dem Speiseplan.

WACHOLDERDROSSEL *Turdus pilaris*
22 – 27 cm, auffällig farbenfroh und doch gut getarnt

UNÜBERHÖRBAR ist das Lär-
men der Wacholderdrosseln am
Brutplatz. Die Luft ist erfüllt von
ihren schackernden Rufen. Als
einzige Drosselart brüten sie in
Kolonien auf hohen Bäumen und
verteidigen ihre Nester mit lautem
Schimpfen oder gezielten Kot-
spritzern gemeinsam gegen Feinde.
Wenig scheu suchen sie in offenem
Gelände auf kurz geschnittenen
Wiesen oder Rasenflächen nach
Nahrung. Im Winter erscheinen oft
große Schwärme aus nördlichen
und östlichen Brutgebieten in Mitteleuropa zum Überwintern. Dann
kann man die große Drossel häufig
in Beerensträuchern finden.

Mit aufge-
schnittenen Äpfeln
und Birnen unter der
Futterstelle locken Sie
Wacholderdrosseln
in Ihren Garten.

BUNTSPECHT *Dendrocopus major*
23 – 26 cm, schwarz-weiß-rot gemustert

DER BUNTSPECHT nutzt seinen kräftigen Schnabel vielseitig. Er stochert in morschem Holz nach Larven und Insekten, ritzt Baumrinde an, um den Pflanzensaft aufzulecken, meißelt Löcher zur Nahrungssuche oder zimmert seine Bruthöhle. Zudem legt er sogenannte Spechtschmieden an: Um Samen aus Zapfen zu hacken, klemmt er diese entweder in Astgabeln ein oder erweitert vorhandene Spalten auf die passende Größe. Ab Februar erschallt das laute, kurze Trommeln des Buntspechts aus Wäldern und Parkanlagen. Ein Trommelwirbel besteht aus bis zu 20 Schlägen innerhalb einer Sekunde.

GRÜNSPECHT *Picus viridis*
30 – 36 cm, Ameisenjäger am Boden

DER GRÜNSPECHT trommelt nur selten. Er macht eher durch seine laut lachenden Balzrufe auf sich aufmerksam. Sein Schnabel ist weniger kräftig als der des Buntspechts, er bezieht daher bevorzugt vorhandene Höhlen oder zimmert sich eine eigene in morsches Holz. Wie kaum ein anderer Specht ist er auf Ameisen spezialisiert, die er mit seiner mehr als 10 cm langen und klebrigen, mit Widerhaken versehenen Zunge erbeutet. Auffällig ist seine wellenförmige Flugweise: Lange Gleitphasen mit eng angelegten Flügeln wechseln sich mit kurzen Schlagphasen ab.

Männchen

SPERBER *Accipiter nisus*
Männchen 29 – 34 cm / Weibchen 35 – 41 cm, schneller, gewandter Vogeljäger

PLÖTZLICH SCHIESST ein Vogel in niedriger Höhe durch den Garten und ist kurz darauf schon wieder verschwunden. Sperber sind Überraschungsjäger, die aus der Deckung von Büschen, Bäumen oder Häusern heraus in kurzen, wendigen Verfolgungsflügen Kleinvögel jagen und dann blitzschnell mit den Füßen ergreifen. Die Beute der Männchen ist etwa so groß wie ein Spatz, die bis zu doppelt so großen und schweren Weibchen können sogar Vögel bis zur Größe einer Ringeltaube fangen. Sperber nisten in Wäldern, größeren Gehölzen und städtischen Grünanlagen. Ihr Nest bauen sie bevorzugt in Koniferen.

An der lauten und heftigen Kleinvogelreaktion erkennen Sie, dass sich ein Sperber im Garten aufhält.

Weibchen

TÜRKENTAUBE *Streptopelia decaocto*
29 – 33 cm, wenig scheue Dorfbewohnerin

MIT IHREM BEIGEGRAUEN Gefieder, dem schwarzen Nackenband und den dunkelroten Augen sind die langschwänzigen Türkentauben eine hübsche und elegante Erscheinung. Sie wanderten im Verlauf des letzten Jahrhunderts vom Balkan aus in ganz Europa ein. Mittlerweile gehören sie zu den häufigsten Brutvögeln im besiedelten Bereich. Sie bewohnen ruhige, baumbestandene Bereiche in Dörfern und Vorstädten, seltener in Innenstädten. Vor dem Laubaustrieb bauen sie ihr Nest gerne in Nadelbäume, dann bekommt auch die im Naturgarten sonst so verpönte Thuja ihre Berechtigung.

RINGELTAUBE *Columba palumbus*
38 – 43 cm, groß und kräftig mit weißem Halsfleck

DER BALZFLUG der Ringeltauben ist auffällig: Das Männchen fliegt über seinem Revier 20 – 30 m steil in die Höhe, klatscht dabei mehrfach laut mit den Flügeln und gleitet dann mit ausgebreitetem Schwanz und ausgebreiteten Flügeln langsam wieder nach unten. Aufgescheuchte Vögel nutzen das geräuschvolle Flügelklatschen, um potenzielle Feinde zu erschrecken. Unsere größte Taube ernährt sich überwiegend pflanzlich von Samen, Blättern, Knospen, Blüten und Beeren. Im Gegensatz zu den anderen Taubenarten sucht sie ihre Nahrung nicht nur am Boden, sondern auch in Büschen und Bäumen.

Mit dem Erhalt und Schutz alter Baumbestände helfen Sie dem Waldkauz, der bevorzugt in Baumhöhlen alter Laubbäume brütet.

WALDKAUZ *Strix aluco*
37–43 cm, ruft laut und weithin hörbar

DIE SCHAURIG klingenden Rufe des Waldkauzes sind nachts im Frühjahr und Herbst kilometerweit zu hören. Die nachtaktiven Vögel verbringen den Tag dösend in der Nähe ihrer Höhle. Aufgrund ihres rindenfarbig gemusterten Gefieders sind sie trotz ihrer Größe nur schwer zu entdecken. Manchmal wird man auf sie aufmerksam, wenn Kleinvögel den Feind heftig attackieren und lautstark beschimpfen. Waldkäuze brüten in Wäldern, Friedhöfen, Parks und großen Gärten. Die Jungvögel verlassen die Bruthöhlen noch flugunfähig und werden als sogenannte »Ästlinge« – auf einem Ast sitzend – noch mehrere Wochen lang versorgt.

ELSTER *Pica pica*
40 – 51 cm (20 – 30 cm Schwanz), verbreitet und unbeliebt

ES MACHT SPASS, diese intelligenten und neugierigen Vögel im Garten zu beobachten. Elstern besitzen ein ausgeprägtes Sozialverhalten. Sie können Artgenossen individuell erkennen und spielen gerne – entweder untereinander, mit Gegenständen oder auch mit Katzen oder Hunden. Die Allesfresser suchen ihre Nahrung meist am Boden. Ihr Lebensraum ist eine abwechslungsreiche, halboffene Landschaft mit hohen Bäumen, in denen sie ihr großes, überdachtes Nest bauen. Aufgrund der Ausräumung der Landschaft sind Elstern vermehrt in besiedelte Bereiche vorgedrungen.

EICHELHÄHER *Garrulus glandarius*
32 – 35 cm, legt Wintervorräte an

EICHELHÄHER ernähren sich im Winterhalbjahr hauptsächlich von Eicheln, Nüssen und Bucheckern, im Sommerhalbjahr hingegen überwiegt tierische Kost. Sie verraten sich ganzjährig durch ihre laut rätschenden Warnrufe. Während der Brutzeit leben sie eher heimlich und versteckt, danach streifen sie umher und sind leichter zu beobachten. Im Herbst besuchen sie regelmäßig größere Gärten in ländlicher Umgebung, um Nahrung zu sammeln und als Wintervorrat zu vergraben. So manches Versteck wird später nicht wiedergefunden – so tragen sie zur Verjüngung der Wälder bei.

Rabenkrähe

RABENKRÄHE *Corvus corone*
44 – 51 cm, schwarz mit metallischem Schimmer

RABENKRÄHEN sind weit verbreitete Bewohner der offenen und halboffenen Landschaften. Als Kulturfolger brüten sie vielerorts im Siedlungsbereich von Dörfern und Städten. Die anpassungsfähigen Allesfresser nutzen diverse Nahrungsquellen. Auf Feldern, Wiesen, an Straßenrändern, in Komposthaufen und auf Müllkippen suchen sie nach Essbarem: Insekten, Würmer, Schnecken, kleine Wirbeltiere, Samen, Aas und Abfälle stehen auf dem Speiseplan. Ihr Nest bauen sie auf Bäumen oder Masten. Dieses dient später Turmfalken oder Waldohreulen als Niststätte. Außerhalb der Brutzeit leben sie sehr gesellig.

Im Nordwesten, in Süd- und Osteuropa wird die Rabenkrähe von der Nebelkrähe vertreten. Mit dem grauen Körpergefieder, den schwarzen Flügeln und dem schwarzen Kopf sind Nebelkrähen unverwechselbar.

Nebelkrähe

Mit 222 Farbfotos: 9 von **F. Adam** (S. 12/3, 12/5, 34 u., 61/5, 61/6, 69 o., 73 u., 83 o., 83 u. groß); 1 von **A. Auer/naturfoto.cz** (S. 82 o. Kreis); 2 von **M. Danegger** (S. 24/5, 61/3); 1 von **L. Fohrer** (S. 40 u.); 3 von **H. Fürst** (S. 61/1, 70 u., 80 u.); 3 von **R. Groß** (S. 12/7, 75 u. Kreis, 77 u.); 4 von **T. Grüner** (S. 46/1, 46/4, 69 u., 80 o. groß); 3 von **H. Haag** (S. 39 re., Kvi/46, Kha/Foto); 4 von **A. Halley** (S. 46/2, 46/5, 64 o., 85 o.); 72 von **F. Hecker** (S. 8/9, 10 o., 10 u.re., 11 beide, 13 beide, 17, 18, 19 beide, 20 o., 23 beide, 24/4, 24/6, 25 u., 26/27, 28, 29 o., 29 u.li., 31, 32 beide, 33 u., 35, 36/37 o., 36 u., 44, 46 u., 49 o., 50 Kreis, 51 u., 52, 53 Foto, 54/55, 56, 57 beide, 59, 61 u.li., 61/2, 62 beide, 74 u., 76 u. Kreis, 78 u., 79 o., 84 alle 3, 86 o., 88 u., 91 beide, Kva/2, Kva/3, Kva/5, Kva/B, Kva/C, Kva/D, Kva/E, Kvi/19, Kvi/55, Khi/E, Khi/3, Khi/4, Khi/5, Khi/B, Khi/F, Khi/G); 8 von **M. Höfer** (S. 12/2, 38 u., 46/3, 61/7, 71 beide, 76 u. groß, 78 o.); 3 von **A. Klees** (S. 12/1, 74 o., 81 u.); 13 von **F. Leo/fokus-natur.de** (S. 16 u., 42/43, 45 u., 47, 60, 66/67, 72 u., 73 o., 77 o., 90 o., Kva/A, Khi/D, Khi/A); 2 von **A. Limbrunner** (S. 24/3, 79 u.); 3 von **G. Moosrainer** (S. 82 o. groß, 82 u., 85 u.); 1 von **L. Mraz/naturfoto.cz** (S. 68 o.); 3 von **D. Nill** (S. 12/6, 24/2, 83 u. Kreis); 1 von **M. Pforr** (S. 63); 12 von **T. Pröhl/fokus-natur.de** (S. 15 Hausrotschwanz, 25 o., 34 o., 40 o., 41 o.e., 72 o., 75 u. groß, 81 o., 86 u., 87 beide, 89 beide); 1 von **R. Rößner** (S. 50 o.); 10 von **M. Schäf** (S. 2/3, 4, 6, 7, 14 Kreis, 16 o.li., 33 o., 39 o., 80 o. Kreis, 88 o.); 1 von **R. Schmidt** (S. 76 o.); 1 von **Schmidt/Angermayer** (S. 75 o.); 5 von **D. Strauß** (S. 20 u., 22 beide, 37 re., 58); 1 von **G. Synatzschke** (S. 24/1); 1 von **Tuschl/Willner** (S. 65); 2 von **W. Willner** (S. 61/4, 70 o.) und 4 von **P. Zeininger** (S. 12/4, 68 u., 90 u., Kva/4). Erklärung der Abkürzungen: Kva = Klappe vorne außen, Kvi: = Klappe vorne innen, Khi = Klappe hinten innen, Kha = Klappe hinten außen. Einige Innenteilfotos wurden auf den Umschlagklappen auf der Seite 15 wiederholt abgebildet. Mit 18 Farbzeichnungen: 7 von **P. Dougalis** (30 alle, 53/1, 53/2, 53/3); 6 von **M. Golte-Bechtle** (10 u.li., 16 o.re., 29 u.re., 49 u. alle, außer Beifuß und Kornblume); 2 von **S. Haag** (49 Beifuß und Kornblume); 1 vom **NABU** (Kha/Illu); und 2 Bauanleitungen von **W. Lang** (21, 48). Mit 16 Schwarz-Weiß-Zeichnungen: 2 von **Fotolia/Terriana** (41 o.li., 41 u.); 1 von **W. Lang** (S. 67 ff.). Alle weiteren Schwarz-Weiß-Zeichnungen sind urheber- und lizenzfrei.

Umschlaggestaltung von Peter Schmidt Group GmbH, Hamburg, unter Verwendung von zwei Bildern. Vorderseite: Rotkehlchen von **M. Varesvuo/birdphoto.fi**, Nistkasten von **Shutterstock/Pim**.

Unser gesamtes Programm finden Sie unter kosmos.de
Über Neuigkeiten informieren Sie regelmäßig unsere Newsletter,
einfach anmelden unter **kosmos.de/newsletter**

MIX
Papier aus verantwortungsvollen Quellen
FSC
www.fsc.org
FSC® C015829

Gedruckt auf chlorfrei gebleichtem Papier

© 2016, Franckh-Kosmos Verlags-GmbH & Co. KG, Stuttgart
Alle Rechte vorbehalten
ISBN 978-3-440-14500-5
Redaktion: Stefanie Tommes
Innenlayout und Satz: Walter Typografie & Grafik GmbH
Produktion: Markus Schärtlein
Printed in Germany / Imprimé en Allemagne

Vögel bestimmen mit —— der Nummer 1

200 Seiten, €(D) 9,99

540 europäische Vogelarten können mit über 1.800 farbigen Illustrationen unkompliziert und sicher bestimmt werden. Dank des bewährten KOSMOS-Farbcodes findet man sich schnell im Buch zurecht. Zusätzliche Informationen zu Stimme, Lebensraum, Verbreitung und Zugzeit bieten viel Wissenswertes. Extra: Jetzt über 188 Vogelstimmen kostenlos mit der KOSMOS-PLUS-App hören.

346 europäische Vogelarten können mit über 1.400 Fotos und Zeichnungen unkompliziert und sicher bestimmt werden. Dank des KOSMOS-Farbcodes findet man sich schnell im Buch zurecht. Jeder Vogel ist zusätzlich im Flug abgebildet und typische Merkmale sind direkt am Foto erklärt. Dazu gibt es viel Wissenswertes und Beobachtungstipps. Mit dem TING-Stift kann man alle Vogelstimmen hörbar machen.

400 Seiten, €(D) 12,99

kosmos.de

Vögel beobachten mit dem NABU
Aktionen, Tipps und Termine unter
www.NABU.de

MÄNNCHEN SUCHT WEIBCHEN

Zum Abschluss noch ein kleines Quiz: Können Sie dem jeweiligen Männchen (→ Ziffern) das passende Weibchen (→ Buchstaben) zuordnen? Kennen Sie die Arten?
Unter den Bildern helfen Ihnen Merkmale, die die Zuordnung und Unterscheidung leichter machen.

Scheitelstreif mit Orange

Brust rosabraun, Scheitel und Nacken blaugrau

schwarze Kehle, grauer Scheitel

rußig braungrau

Scheitel komplett schwarz